dalla terra a tavola
voci dall'uliveto

オリーブオイルと作り手たち

山田美知世
オリーブオイル鑑定士（イタリア農林食糧政策省国家資格）
世界最重要オリーブオイル・コンペティション国際審査員

KULA SCIP

オリーブオイルの旅へ

黄金に輝くしずく、その一滴一滴に込められた物語を知っていますか?

オリーブオイルは、古代から現代に至るまで人々の食卓を彩り、健康を支え、そして文化を育んできました。その香りや味わいは、地中海沿岸の豊かな自然と、何世代にも亘る人々の努力が織りなす芸術とも言えるでしょう。

この本は、情熱と誇りを胸に秘めた作り手達が生み出す、世界中のオリーブオイルにまつわる物語を紡ぐ旅です。

その奥深さから、私達がどれほど自然と文化に恵まれているか、どれだけ多くの人達が関わっているのかを改めて実感することが出来るはずです。

さあ、ひとしずくのオイルから広がる世界を楽しんでください。
この旅が、皆さまとオリーブオイルとの距離を一歩近づけるものとなりますように。

contenuti

Sicily

capitolo 1

第1章 イタリア シチリア

Italy

古代フェニキア人によって
植えられた樹齢2000年以上
のオリーブの木。

伝統農法によって植樹されたイブレア山地群のオリーブ畑。木と木の間が広く、木の周りの土も綺麗に手入れされている。

年間を通じて乾燥しているシチリアではオリーブの木とサボテンが共存している。

ベストタイミングで収穫されたばかりの健康なトンダ・イブレア種の実。手摘み直後のため枝葉も交じっている。

ニコトラ家代々のオリーブ
畑の管理小屋。

グリーンオリーブを塩漬け用に大きさで選別中。大きさを揃えることで均等に塩が浸透する。

左）塩漬け用グリーンオリーブの仕分け作業。右上）収穫した実は通気性のよいかごに入れ、すぐ搾油所に運ぶ。右下）オリーブの実は全て手摘み。高い枝の実は軽量な木製の梯子に上って摘む。

右）オリーブの実は網に落として集める。左上）ニコトラ家所有の中で一番大きなオリーブの木。この１本の木から200kg以上の実が収穫される。右下）ブッケリ村のオリーブ畑は石垣に守られている。左下）高い枝の実も手摘み。

樹齢2000年以上のオリーブの木。剪定され続けた枝は横に大きく広がり日光が実に万遍なく当たる。

トンダ・イブレア種のオリーブ。トンダは丸いという意味。イブレアは地名。

左）「イタリアの最も美しい村」に認定されているブッケリ村。右上）広場に面した行きつけのバールでカフェを飲むピーノ。右下）樹齢2000年以上のオリーブの木。大人が何人登ってもびくともしない。

イブレア山地群のオリーブ
畑から望むエトナ火山。

オリーブ収穫時に大集合するニコトラ家と友人達。食卓で采配を振るうのは93歳のマンマ(中央奥)。

li ulivi
in Sicilia

G

シチリア島全土にオリーブ畑は見られるが、
特に良質なオリーブオイルの産地として知られるのは中部から南東部。
この地域に位置するシラクーザ近郊には紀元前イブラと呼ばれた
標高987mを頂点とするイブレイ山地群が広がる。
中新世の白色石灰岩と泥灰質の山塊(イブレイ台地)からなり、
多くの河川が時には蛇行しながら深い渓谷や谷を刻むこの一帯は
豊かな自然と水資源に恵まれている。
イブレイ山地群の中で最も標高の高いラウロ山の820m辺りに
「イタリアの最も美しい村*1」に認定された
人口約800人の小さな村ブッケリがある。
この村に何世代にも亘り、イブレイ山地群にしか生息しない希少原品種の
栽培と搾油に情熱を注ぐオリーブ農家がいる。
一家の長であるピーノ・ニコトラは現在220ヘクタールの土地と
2万2000本のオリーブを持ち、この小さな村から
世界の国際オリーブオイル・コンペティションで
最高ランクを多々受賞するオリーブオイルを生み出している。

Pino Nicotra

オリーブオイル生産者
アグレスティス（AGRESTIS）代表

ピーノ・ニコトラ

三代目

私はここブッケリでオリーブを四〇年以上栽培しています。祖父の代から約二五〇年続くオリーブ農家で、私が三代目。祖父母はブッケリから六〇キロほど離れたカターニャ出身〈シチリア島南東部〉で、結婚後にこの村に移住しました。祖父は山間のオリーブ畑を少しずつ買いながら増やし、子供達全員がオリーブの仕事に関わるようになったのです。

一九三〇年代、祖父の頃のブッケリで商売と言えば一番がオリーブで、次が氷でした。当時は毎年二メートルを超える雪が降り、氷室が二七か所ありました。冬に氷室で氷を貯蔵し、夏になると切り出し、馬にリアカーをつけてブッケリの外へ売り歩くのです。昔は冷蔵庫がなかったので氷はよい商売でした。子供達は皆、氷作りに駆り出されていました。

オリーブ畑では村中総出で働いていました。ベビーシッターもいない時代なので、子供も赤ちゃんもオリーブ畑に連れていきます。赤ちゃんはかごに入れてオリーブの木の下に置いて、お兄ちゃんがかごを揺らしながら子守する。それが当たり前でした。この辺りの子供達はまずオリーブ畑に落ちている実を拾うことから始めます。私達の時代は大量のオリーブの実を集めても、五〇リラ〈当時のレートで五円弱〉ぐらいしかもらえませんでしたが（笑）。

私も同じようにオリーブ畑で育ちました。私は幼い頃からオリーブが好きで、六歳くらいから祖父に連れられて一緒にオリーブ畑を見てきました。ずっとオリーブを見続けてきたのです。

一九七〇年代に入って祖父のオリーブ畑は九人の子供達が継ぎましたが、父と叔父以外の兄妹は他の土地へ出ていき、父と叔父が他の兄妹のオリーブ畑まで全て管理していました。

ブッケリでは一九七五年ぐらいまで、オリーブオイルではなく実を食べるテーブルオリーブが販売の中心でした。当時のブッケリにはオリーブオイルの搾油技術がなかったからです。その頃の村人は、毎年九月から一一月の三か月間、一家総出でオリーブの実を収穫し、作業場の大きなテーブルに実を広げ、傷がついていないか黒くなっていないか、選別する作業を夜通し行っていました。

オリーブの木を剪定[*2]することも知らなかったので木はボウボウ。枝も伸び放題。高い枝になる実を収穫するのも大変でした。

ある時、カラブリア〈イタリア本土南西部カラブリア州〉から来たオリーブオイルの専門家が剪定の仕方を教えてくれました。彼が教えてくれた通りに試すと沢山実がなるようになり、枝の高さも抑えられて収穫も楽になりました。一九八〇年代初頭はこの方法で上手くいっていたのです。

しかし、一九八〇年代後半頃からモロッコやチュニジア、そしてトルコから安いブラックオリーブがイタリアに入るようになりました。オリーブだけでは生活が成り立たなくなり、仕方なく工場で働き始めました。それでも収穫時だけは工場を休んで収穫していました。

あれは私が一六歳〈一九八〇年〉の時です。その年は豊作で、パレルモ〈シチリア島北西部にある州都〉から来た商人が収穫した実を全て買ってくれることになりました。ただ、当時はオリーブの実を量る精密な重量計がなく、木一本当たりいくらで取引していたため、豊作でも一〇〇〇本分の実が何百リラ程度にしかなりません。一年間一生懸命働いても大した金額にならなかったのです。この状態が一〇年ぐらい続き、父はもう畑には行かないと言って、本当に来なくなってしまいました。一九九〇年以降は父の後を継いで私がオリーブ畑を管理するようになったのです。

私はオリーブの作り手になろうと思ったことはありません。昔からオリーブが好きで、ずっと見てきて、気がついたら作り手になっていたのです。でも他の人よりオリーブの栽培に長けていたのだと思います。病気にかかった木や収穫が落ちた木も、私が手を入れると元気になります。今では親戚からもオリーブ畑の面倒を見て欲しいと依頼されるようになりました。

ただ、このアグレスティス〈ピーノが代表を務めるオリーブオイル販売会社〉は私一人でやってきたわけではありません。アグレスティスの物語には今は亡き親友のピッポが欠かせません。ピッポと私は常に一緒に仕事をしてきました。このアグレスティスの物語は私だけではなく、ピッポと私の友情の物語であり、私達を引き継ぐピッポの息子と私の息子の家族の物語でもあります。私はピッポとのつながりを今も大切にしています。

＊ピッポは二〇一八年に心臓発作で亡くなりました。ある朝、彼は眠るようにベッドで息をひきとったのです。

ピッポ（左）とピーノ（右）

ピッポと私はブッケリの消防隊員でした。消防の仕事はボランティアで、皆、他の仕事と掛け持ちしていました。私はオリーブ農家で、ピッポはお肉屋さん。私達は元々友人でしたが、消防隊員として二〇年間一緒に働いているうちに親友になったのです。

ある年、ブッケリから程近いキアラモンテ・グルフィ〈シチリア島南東部にある町〉で、沢山実をつけるオリーブの木を丸ごと売ってくれるという話を聞きました。しかも収穫したオリーブの実は全て自分達にくれるというのです。キアラモンテ・グルフィのオリーブの木は六〇〇〇本くらいあって、実は五万キロぐらい。私達が必要としていたのは五〇〇〇キロほど。でも先方は少量なら売らないと言うのです。するとピッポは「全部まとめて買う方が交渉しやすい。必要な分以外は義理の弟二人に引き取ってもらうように話をつけるから、五万キロ全てを買い取ろう」と言ったのです。ピッポの提案通り六〇〇〇本のオリーブの木を買い、収穫した実を四人で分けました。私達は必要な分だけを取り、残りはピッポの義弟達が販売しました。これが上手くいき、翌年は四人で組合のように共同で購入と販売をすることにしました。

翌年はオリーブ畑のオーナーから昨年の倍以上の木を買いました。搾油したオリーブオイルを買ってくれる人も見つけましたが、契約書はなく口約束だけでした。

その年の秋、実を収穫し納品が迫った時、突然、私達のオリーブオイルは歩留まり率〈オリーブの実に対する仕上がりのオリーブオイルの比率〉が低いからいらないと言われたのです。通常のオリーブオイルの歩留まり率は一五％以上ありますが、私達のオリーブオイルはクオリティが高い代わりに六％ぐらいまで落ちます。

私達は畑のオーナーへの支払いが年末に迫っているため、絶対に実を収穫して販売しなければなりません。オリーブオイルの搾油所に売りに行ったり、夜中に遠方まで売りに行ったり。どこに行っても立場が弱いため、安い金額でしか引き取ってもらえませんでした。売れ残ったオリーブの実はテーブルオリーブ用として村人に販売し、なんとか赤字を出さずに済みましたが儲けはほとんどありませんでした。翌年、ピッポの義弟達はやめると言ってきました。それなら二人でやろうか、とピッポと二人でアグレスティスを始めることにしたのです。

アグレスティスをスタートして最初に取り組んだことは、オリーブオイルの販売先を見つけることです。幸運なことにカターニャとパレルモにすぐに販売先が見つかりましたが、国外にも販売先を見つけるためヨーロッパ中を旅しました。一番多く訪れたのはスイスとドイツ。この二つの国には友達がいたからです。

最初の頃はスイスでよく売れました。しかし、スイスへの輸出には一本当たり三・五ユーロの税金がかかります。このため販売量は伸びませんでした。ドイツは私の妻のローザがドイツ人なので彼女の親戚に販売しました。

ドイツで販売を始めた頃、ローザのお母さんにオリーブオイルを二本プレゼントしました。でも三年後に訪れた時、キッチンの同じ場所に封も開けずにそのままボトルが置かれていたのです。なぜだろうと思ったのですが、ドイツ人にとって油というとラードかバターで、オリーブオイルを使う習慣がなかったのです。

その後ドイツでオリーブオイルは健康によいというキャンペーン[*3]が始まりました。医者がコレステロール値の高い人にオリーブオイルを勧め始めると、ローザのお母さんも急に頼んでくるようになりました。それも年に七トンも（笑）。送料が一回で済むため、友達や親戚が皆でまとめ買いしてくれるのです。こうしてドイツへの販売が一番になりました。

その後輸出が増えるに従い、輸送しやすいようにそれまでの缶ではなくボトルに詰めて販売し始めました。最初はボトルのキャップを閉める機械を買えず、友人の所でボトリングさせてもらっていましたが、古いガレージを借り、小さなボトリングマシンを買い、少しずつ自分達で出来るようにしました。ボトルのラベルやロゴは全てピッポがパソコンで作ってくれました。一枚のラベル印刷に一ユーロぐらいかかっていましたが、オリーブオイルを四～五ユーロで売るようになっていたので、儲けはギリギリでしたが何とか仕事は回っていました。

その頃、家の一室にオリーブオイルを保管していました。ちょうど長男のピエトロが生まれ、ピエトロのゆりかごをオリーブオイルのタンク脇に置いていたのです。ピエトロがハイハイするようになると危ないからタンクの注ぎ口の蛇口を全て外したのですが、ピエトロがその蛇口の穴に指を突っ込んでオリーブオイルを舐め出したのです（笑）。そんな想い出もあります。

ピッポと私は完璧なパートナーでした。

私はオリーブのことなら何でもわかります。木を見るだけで、どのくらい実がつくのかすぐに計算出来ます。子供の時からずっとオリーブの木を見て育ってきましたから。一方、ピッポは交

樹齢3000年以上のオリーブの木の下でピーノを中心に和むピエトロ（左）とサルボ（右）。

渉がとても上手で人をよく覚えていました。

ピッポがクライアントを見つけて私の所に連れてくると、私がオリーブオイルについて詳しく説明します。私は説明が上手ですから。オリーブの木について熟知している私と、交渉上手のピッポのコンビは最強でした。だからここまで成長出来たのです。その後、ライバルチームも出現しましたが、いつの間にか自然消滅してしまいました。他のチームにはピッポと私のようにちゃんと仕事が出来る人がいなかったからです。

もし今、ブッケリの山を全て購入してオリーブを栽培しようと思ったら出来ると思います。オリーブを育てることは難しく重労働なのでやりたがる人がいないからです。私以外にも人の畑を借りてオリーブを栽培している人はいますが、畑の土を丁寧に掘り起こしたり、虫が寄りつかないように草を刈ったりと、手間暇かけて丁寧にオリーブの木を育てることが出来る人は中々いません。しかし今では私とピッポの子供が成長して、完璧に仕事が出来るようになってくれました。


あるクリスマスの日。子供達も大きくなったのでそろそろ畑を手伝わせようかとピッポに相談しました。でも、畑は寒すぎて連れていけないと言うので、私はそれならピエトロ〈ピーノの息子〉だけを連れていくと言ったのです。しかし、ピッポの息子サルボとピエトロはとても仲がよく、結局二人とも来ました。しかも彼らの方から行きたいと言い出したのです。この地域の冬は寒さが厳しく、冬季の畑仕事はとても大変です。彼らはそれを知った上で、自分からこの世界に入りたいと言ってきたのです。最初は畑で遊ぶ程度でしたが、少しずつ収穫の手伝いをするようになり、次第に傷んでいる実の選別も出来るようになっていきました。

ピエトロが一八歳、サルボが一六歳の時には、私達が出店したオリーブオイルの展示会に彼らを連れていきました。ピッポと私が会場内を回っている間、子供達にブースの販売を任せたのですが、ブースに戻ってきたら全て売れていたのです。誰が買ってくれたのかと聞くと、帰り道にブースを通りかかったオーストリア人のお客さんだったと。ピエトロはドイツ語を話し、愛想もよく、オイルの価格もリーズナブルだからと一度に大量買いしてくれたそうです。結局、その日会場で新しいクライアントを見つけたのは全て彼らだったのです。

今まではピッポと私でやってきましたが、販売は彼らの方が得意なことがわかりました。私達はイタリア語しか話せませんが、サルボは英語を、ピエトロは英語とドイツ語を話せます。もう彼らだけで大丈夫だと確信しました。

僕らの夢

ピエトロ・ニコトラ Pietro Nicotra
サルボ・パパローネ Salvo Paparone　談

ピエトロ　僕達は子供の頃からオリーブオイルの仕事をしています。小さい頃は傷ついたオリーブを弾く作業を手伝ってお小遣いをもらっていました。逆にお小遣いが欲しいと頼むと、仕事を手伝えと言われたんです。当時にしては結構よいお小遣いをくれました。

サルボ　僕達はオリーブの仕事をしようと決めたタイミングがあったわけではなくて、気がついたらこの仕事をしていたという方が正しいと思います。

ピエトロ　僕達はオリーブの木の下で生まれたようなものです。

もしお金儲けだけに興味があったら、おそらくこの仕事はしていないでしょう。体力的にも、時間的にも重労働で、億万長者になれるわけでもありません。

僕は経営学を学び、サルボは農学を学びました。収入のことだけを考えたら、サルボはどこかの食品会社に勤めた方がよかっただろうし、僕もどこかの多国籍企業に勤めた方がよかったと思います。僕達がこの仕事を選んだのはお金のためではありません。代々続いてきたこの仕事を継いで成長させていくためです。僕達はこの仕事が好きなのです。

この仕事は情熱がないと出来ません。大切な自然の恵みを頂き、その恵みを損なわないようにオリーブオイルにする仕事です。天の恵みをいかに頂くか。失う部分をいかにして最小限にするか。そこが技術です。自分達はオリーブのために何が出来るかを常に考えています。自分達で栽培し、収穫して、搾油したオリーブオイルが世界的に評価され、多くの人や遠い国の人にまで届けられることがとても嬉しいのです。

僕達にとってオリーブの木は人と同じ。この子、あの子と呼んでいます。

樹齢一〇〇〇年の木でも二年間放置すると、健康なオリーブの実がならなくなります。そんなことは出来ません。僕達はこれからもオリーブ畑を受け継いでいこうと思います。

父〈ピーノ〉も話していたように、父は素晴らしい作り手ですが、ピッポがいなければ今とは状況が違っていたと思います。父がいて、ピッポがいて、今の成長があります。僕達は父とピッポの仕事を両方とも受け継ぎました。クオリティの高いオリーブオイルを理解してくれるクライアントとパートナーになって、互いに信頼関係を築きたいと思っています。

今後はこの村にオリーブ・ツーリズムを広げたいと思っています。

オリーブ・ツーリズムでは美しい自然に恵まれたブッケリに滞在して、ブッケリに残る昔の氷室を見たり、オリーブの収穫作業を体験したりします。ブッケリの村人がオリーブを収穫する時に畑で食べるチーズとハム、オリーブとワインというシンプルなランチを一緒にとってもらっています。ブッケリを訪れる外国人は少ないので、フレンドリーな村人と誰でも友達になれます。沢山の人にブッケリを好きになってもらい、一緒にオリーブの体験が出来る旅を作っていきたいと思います。

そして僕達オリーブオイルの作り手がどんな思いでどのように作っているか、オリーブオイルについて正しく知ってもらいたいと思っています。自然はそのままでは受け継がれません。人が手をかけて守らないと継承出来ないのです。

この周辺は元々ブドウ畑でした。僕達は将来、ブッケリらしい品種を使った良質なワインも作っていきたいと思っています。

オリーブ畑で。ピーノ・ニコトラ。

オリーブ畑で

私達の畑からはエトナ火山を見渡せます。まるで触れることが出来そうなくらい、すぐ近くに感じます。天気のよい時はカラブリアまで見えますが、最も綺麗に見えるのは夜明け頃です。

エトナ火山の噴火によって出来た土壌は、ミネラルが豊富で水捌けがよく、標高が高く、北から乾いた風が吹き、常に空気が流れています。夏と冬の寒暖差に加えて、朝晩の寒暖差も大きいこともオリーブの生育に適しています。

私達の畑はこの辺りでオリーブが健康に育つためのよい条件が最も揃った場所にあります。

私達が育てているのはイブレア山地群にしか生息しない原品種[*4]であるトンダ・イブレアです。丸いという意味のトンダとイブレア山地群を組み合わせた名前です。DOP[*5] Monti Iblei〈原産地呼称保護〉の代表品種の一つにも認定されています。トンダ・イブレアはオリーブ界の気難しい貴公子と言われるほど栽培地を選り好みする品種です。他の地に植樹しても根付かず、イブレア山の中でも栽培地はカターニャ、ラグーザ、シラクーザの三県にまたがるわずか一・九ヘクタールのみです。北側や山間の日当たりの悪い所にも生えません。

花粉も最も重いと言われています。トンダ・イブレアだけだと花粉が飛ばず受粉する確率が低くなるため、花粉が軽くよく飛ぶビアンコリッラやレッチーノのような、いわゆる交配種[*6]と呼ばれる品種を一緒に植えています。トンダ・イブレアはデリケートで難しい品種ですが、だからこそ他の品種にはない奥深く複雑な香りと風味を持つオイルが出来ます。

私達は一〇〇%トンダ・イブレアのみでオリーブオイルを作っていますが、トンダ・イブレアに交配種やトンダ・イブレアに似た品種を交ぜて作っている人達もいます。トンダ・イブレアだけで作れるほど沢山の木を持っていないため、他の品種を交ぜざるを得ないのです。私達のような生産者はこのエリアでわずか一二社ほどしかいません。


例年、私達は九月末頃から収穫を始めます。今年もちょうど今週月曜日〈二〇二一年九月二六日〉から収穫をスタートしました。

オリーブオイル作りで最も大切なのが収穫のタイミングです。グリーンのオリーブの実一〇〇個に一つくらい紫の実が見え始めたら最適な熟成度というサインです。

よく早摘みと言う人がいますが、早摘みとか遅摘みはなく、最適な収穫のタイミングは一度だけです。チームを作り、一気に収穫します。折角よいオリーブの実が出来ても、収穫するタイミングが一週間でもずれると台無しになってしまいます。また、収穫時に雨が降ると実の中に水分が溜まってクオリティが下がってしまうので、天気予報にも注意します。

トンダ・イブレア種のオリーブ。名前の由来通り、丸くてとても大きい。

私達は、二二〇ヘクタールの土地と二万二〇〇〇本のオリーブを持っていますが、オリーブの実の収穫は全て手摘みです。高い枝の実は木に負担をかけないように軽い木製の梯子をかけて上って摘みます。木々の下に網を敷き、その上に実を落として、網の上に広げて葉や枝を出来るだけ取り除き、通気性のよいかごに入れます。

収穫時のオリーブの実は木にしっかりとしがみついているので、少し触ったぐらいでは落ちません。手袋をして、実と実の間に指を入れて、引き抜くようにして実を落とすのでかなり大変です。地面に落ちた実から枝葉を取り除く作業もずっと腰を曲げた状態で続けるので、何時間もやると腰が立たなくなるほどです。背中も腰も痛くなります。

収穫するチームは四つ。ブッケリに住んでいる若い男性チームと少し年上のチーム、ルーマニアからの出稼ぎメンバーチーム、ブッケリに家があるけどこの時期だけやってくる外国人チーム、総勢三〇人以上が同時に動きます。人数は決して多くないですが、皆子供の頃からこの仕事に携わっているので慣れているし、彼らにとっては人数が少ない方が一人当たりの収入が増えるので実は嬉しいのです（笑）。

収穫した実を私は全て自分でチェックします。

例えば、オリーブの実が運ばれてくるかごに葉が沢山入っていると、手摘みと言っていたのに手櫛〈櫛形の機械〉を使ったことがわかりますし、茶色くなった実が多ければ病気の実が多い木だとわかるので、すぐに木を見に行きます。

収穫した実はすぐに搾油所に運びます。

収穫から搾油までにかかる時間は短ければ短いほどよく、この時間がクオリティを左右します。通常収穫後一二時間以内に搾油すると言われていますが、それでは受賞出来るオリーブオイルにはなりません。私達は昼間収穫したオリーブを夜間に搾ります。収穫から三時間以内、最長でも六時間以内には搾油します。

オリーブの実は常に同じ温度で届くわけではありません。木から離れた瞬間から酸化熱による放熱が始まります。畑によって温度も異なるので、搾油所に届いた実の温度を測定し、撹拌する温度や時間を調整します。私は搾油中は離れずに一連の工程を管理します。細やかな調整がクオリティを決定づけますし、そばにいれば問題が起こった時もすぐに対処出来ます。

オリーブオイルを保管するステンレスタンクは番号をつけて管理しています。各番号は畑の位置に連動しているため、どのタンクにどの畑からどれだけオリーブの実が入ったかひと目でわかります。

昨夜はサルボが搾油をしていました。今は収穫が始まったばかりなので二〇時にスタートして二二時に終わるという余裕のあるサイクルですが、収穫期のピークを迎えると実を次々と搾油しなければいけないので、明け方まで続くこともあります。オリーブの収穫が終わるまで二か月間ほどこのような生活が続きます。その後はブラックオリーブの塩漬け作業もするので、四か月ぐらいはとてもハードな生活です。この期間、私は全ての工程を見ています。大変ですが、私は人任せでオリーブオイルを作るのは絶対に嫌です。全てのサイクルを自分で管理したいのです。それにオイルの歩留まりが一％でも変わると、三〇〇〇ユーロ〈約五〇万円〉も変わりますから。

このオリーブの木は私が生まれた時に植えられました〈左ページの木〉。こんな細い木でも六〇年生きています。

見るとわかるように私達の畑は水路を引いていませんが、オリーブはしっかり育っています。元々オリーブはとても生命力が強い木なのです。

ただ、健康なオリーブの実を育てるためには手入れをしなくてはいけません。オリーブの周囲の土は年に何回も耕します。土が軟らかくなり、水捌けがよくなるからです。オリーブの木の周囲の雑草も綺麗に刈ります。オリーブに行くべき栄養が雑草に取られたり、雑草を伝ってオリーブの木に虫が登ったりしないようにするためです。

オリーブの木は綺麗に剪定もします。

あまり知られていないかもしれませんが、一本のオリーブの木には雄の枝と雌の枝があります。

ビーノが生まれた時、おじいさんが植えたオリーブの木。

横や下に伸びる枝は雌。上にまっすぐ長く伸びる枝は雄。雌の枝は毎年実をつけますが、雄の枝は一度のみ。その後は実がならず栄養分を吸収するだけなのでカット〈剪定〉します。

雄の枝だけがどんどん上に伸びて背が高くなる木はよい木ではありません。手の平を広げたような形〈手の平を上に向け丸く開いた時の五本の指の形〉になるように剪定されているのが完璧な状態です。木の葉が日差しを遮らず、内側まで万遍なく日が当たるようになるからです。このような細かな作業を続けることで、木がよく育ち、実が健康になります。

さらにブッケリでは寒暖差から木を守るため、オリーブ畑の周辺にエトナ火山の火山岩を積み上げて石垣を作っています〈左ページの写真〉。冬でなくても夜になると気温が下がり寒いのですが、日中太陽の日差しで暖まった石垣は夜間、少しずつ熱を放射しながら周囲の空気や土壌を暖めるため寒さ対策にもなります。コンクリートのブロックと違い、火山岩は密度が低いため余分な水分は通し、必要な水分だけを溜めるので、乾燥して木が乾きすぎるのも防ぎます。昔から私達の間に伝わる栽培の知恵です。

もう一つオリーブを育てる時に重要なのがハエ対策。

オリーブミバエは体長五ミリほどの小さなハエで、頭は赤く目は緑色。標高五〇〇メートル以上には少ないと言われ、ブッケリにも以前はいませんでしたが、最近は気候の変化によってハエが見られる年があります。

火山岩の石垣。中央オレンジ色の袋はハエトラップ。

オリーブミバエはオリーブの実が生長して軟らかくなる頃、実の中に卵を産みつけます。一匹のオリーブミバエは一つの実しか刺さないのですが、一回に二〇〇個近く卵を産みつけます。ハエは成長スピードが速く二〇日ぐらいで成虫になるため、二〇日で二〇〇倍に増えてしまいます。ハエにやられたオリーブの実から作られたオイルはハエ臭と呼ばれるディフェクト〈欠陥〉のあるオイルになります。ディフェクトのあるオイルはエキストラバージン・オリーブオイルとして認められません。ハエは退治しなければいけないのです。ただ、私達は有機栽培でオリーブを栽培していますので、ハエに困っても薬品を使えないためハエトラップを使ってモニタリングしています。

ハエトラップはトラップ表面に天然成分から抽出した希釈液を含浸させて殺虫する装置です。雌雄の昆虫を誘引する発色性〈黄色〉トラップと、フェロモンで誘引して雄だけを捕獲するトラップを使います。普通の虫は入らず、オリーブミバエだけを引き寄せます。

ハエトラップは標高の高い所からぶら下げていきます。海抜が低い所にいるハエより標高が高い所にいるハエの方が卵を沢山産むからです。収穫も常識的に考えたら標高の低い所から始めますが、ハエに襲われる前に収穫するため標高の高い所から始めます。ハエトラップは一つ五ユーロ。二五〇〇本分のオリーブの木に一つずつ手作業で取り付けるため、費用も手間もかかりますが、他の安いハエトラップは、雨が降ると袋の中に水が溜まってしまい役に立ちません。結局これが一番効くのです。

それ以外にも薬品を使わない様々な方法を試しています。

最近試しているのはクルミの木のエッセンスをオリーブの木にスプレーする方法。クルミの木をスモークして抽出した液体を木にかけます。ハエはスモークの臭いが嫌いで近寄らなくなります。殺菌効果もあるので、他の虫、例えばクモなども寄ってきません。年に三回ぐらい、これを木にスプレーしています。以前はラメ〈赤銅の錫〉をスプレーしていました。ラメは自然素材と言われていますが、やはり金属なので土に溶けず木にも土にもよくないと思い、完全に土に戻るものを探しました。

EU有機認証*7を取得したのは一〇年以上前のことになります。申請手続きは全てピッポがしてくれました。ピッポはこういう事務手続きにも優れていたのです。ただ、私達は有機認証を取得するために有機栽培を始めたのではありません。木や実、そして土のことを考えたら無農薬の栽培がごく自然で当たり前のことだから昔から有機栽培をしてきただけです。

グリーンオリーブの仕分け風景。

グリーンオリーブの塩漬け

収穫したオリーブの実の九五％はオリーブオイルに、残り五％はテーブルオリーブにします。テーブルオリーブには実がグリーンの状態で収穫したグリーンオリーブと、黒く熟すまで待って収穫したブラックオリーブがあります。グリーンとブラックは実の熟成度による違いで種類が異なるわけではありません。

市場に出回っているブラックオリーブの約八〇％は着色していると言われています。着色料を使って黒い色をつける方が簡単ですが、私達はそんなことはしません。私達のブラックオリーブは剪定して二年目ぐらいの、木についたまま中まで黒く熟した実を使っています。木を剪定したばかりだと日が万遍なく当たって栄養が行き渡り、黒く熟すまで実が木にしがみついていられるからです。オリーブの実を黒く熟成させるのは凄く大変です。健康な実だけしか枝に残らないからです。健康でない実は黒くなる前に枝から落ちてしまいます。

収穫した実はベルトコンベアーのような機械に載せて〈右ページの写真〉、大きさによって実をふるい分けています。テーブルオリーブでは大きさが重要です。塩を中まで均等に浸透させるため機械でバサッと少しだけ実を潰すのですが、上から圧力をかけてただ潰すだけなので、大きさが違うと潰れすぎたり、潰れなかったりするものが出てきてしまうからです。完璧な塩漬けを作るためには実の大きさごとに分ける必要があるのです。この機械は隙間が段階的に大きくなっていて、小さい実から先に落ちていきます。一番大きな実は最後の右端まで行くようになっていて、自動的に大きさを選別出来るのです。

テーブルオリーブ用のオリーブの実は大きさだけでなく、傷がついていないかもしっかり確認します。グリーンオリーブは機械の上を移動する間に選別が出来ますが、ブラックオリーブは色が黒くて傷が見分けにくいので、作業台に実を広げて一つ一つ確認しながら仕分けします。

ブラックオリーブの仕分けの作業は夕方六時ぐらいから始めて真夜中までかかります。音楽をかけて、皆で一緒に仕分けするのです。ブッケリでは昔から家族総出で行う作業なので賑やかに楽しんでいます。オリーブの収穫時期は村に人が溢れるほど出ていますが、冬になると誰も外に出なくなります。冬に人が集まって行うこの作業は冬の間の唯一の楽しみです。ピッツァやビール、お菓子などを持ち寄って集まります。皆この作業に慣れていて、ほとんど無意識に仕分け出来ます。おしゃべりしながら仕分けして、三〇分くらい休み、食べて、飲む。中には音楽に合わせて踊る人もいます。

仕分けの後はオリーブの実に塩と水を入れて寝かせます。オリーブの塩漬けは塩が重要です。シチリアにはまだ塩田が残っていて、塩田の塩にはミネラルが多く含まれているので美味しくな

（左ページ写真４点）グリーンオリーブの塩漬け風景。

ります。工業製品の塩だと塩辛いだけで、うま味やまろやかさが出ません。

塩漬けには温度管理も大切です。年によって外気温度は異なります。温度が低いと発酵もゆっくりで、なかなか進みません。発酵の進み具合によっては塩水を一度全部捨てて、もう一度塩を入れて漬け直すこともあります。逆に温度が高くて発酵が進みすぎ、水が溢れ出ることもあります。年によってはこの問題が三、四回起こることもあります。今年は外気温が高めなのでよい状態で発酵しています。

以前テーブルオリーブ用の実は、実そのものを売っていましたが、実のままだとすぐに劣化するので、今は自分達で塩漬けまで済ませてから加工業者に売るようになりました。最近では自分達で様々な加工をして販売しています。例えば、グリーンオリーブの塩漬けは、オリーブオイルとフェンネルなどのハーブを混ぜて瓶詰めしてパテなどにしています。ピッポの凄いところはオリーブの加工物を作る技術やレシピも持っていたことです。

ブッケリ村

ブッケリは通年乾燥していて、朝晩の寒暖差が一五度もあります。この気候条件はオリーブにとって最適です。昼、暑いとオリーブの実が育ち、夜、冷えるとオリーブの実が締まります。空気中の水分はオリーブの木や枝葉につき、木は必要な水分を摂取し乾燥から守ります。

オリーブには一日の寒暖差だけでなく、一年の寒暖差も重要です。冬、雪が降って土が凍ると、ハエや寄生虫などの虫は死にます。二〇年ぐらい前までブッケリには蚊もハエもいませんでしたが、最近は温暖化の影響で冬に雪が降らなくなりハエが出始めました。

大切な鳥はツバメです。ツバメは虫を食べます。ブッケリにはツバメがよく来て、家のバルコニーに巣を作っていましたが、最近は見かけなくなりました。

中世の時代にはブッケリの近くに別の村があって、イギリス人の侯爵が管理していました。ブッケリから八〇〇人ぐらいがその村に機織りや建築に関わる仕事のために通っていました。学校も教会もあって整った綺麗な村でした。これを見てブッケリの村の人達も自分達の村に美しい家を作ったのです。侯爵は人々に一軒ずつ美しい家を提供していました。最終的には負担が大きくなりすぎて上手くいかなくなったそうです。

ブッケリの道は昔、全て石畳でした。今は石畳は一部しか残っていません。高度経済成長時代にコンクリートを流してしまったのです。

現在ブッケリの八割は空き家です。ブッケリは過疎化して年配者と子供しか住んでいません。大学で勉強するためには他の街に行かざるを得ません。かつてこの村の中心に住んでいた三〇〜四〇代の人達は、郊外の新興住宅街に引っ越してしまいました。ただ、新しい住宅地は風が非常に強い場所に位置していたため寒く暖房費がかかり、ブッケリまで通勤や通学で日に何度も往復する道はいつも渋滞するので、それが嫌になった人達が少しずつブッケリに戻りつつあります。

ピッポと私が大切にしていたことがあります。

いつか子供達がブッケリから出ていくとしたら、それはこの村に仕事がないからではなく、自分達のやりたい仕事を見つけるためであるようにしなければならないということ。昔、若者達は仕事を求めてブッケリを出ていかざるを得ませんでしたが、今、私達はそれとは異なる環境を作り上げました。これはとても嬉しいことです。

ピエトロはベルリンの大学院で経営を専攻し、サルボはカターニャ大学食品科学部を卒業しました。ピエトロがカターニャ大学卒業後にベルリンの大学院に進学したいと言った時、学費は出せないけれど応援はすると伝えました。彼は自分で奨学金を受けて行ったのです。ドイツでの生活費を稼ぐために、マーケット〈ファーマーズマーケットのような青空市場〉に屋台を出しました。ベルリンでは当時、二五〇ユーロ払えば市内で開催されるどこのマーケットにも出店することが出来ました。出店許可も二週間でおります。イタリアでは四か月かけても難しいのに。ドイツはやる気のある人を助けてくれるシステムが整った国なのです。

彼はオリーブオイルとチェリートマトソースの販売からスタートしました。凄く売れ行きがよく、ドイツで会社を作ることにもなりました。ドイツでは会社も簡単に安く作れるのです。ピエトロの会社はポーロ〈ピュアという意味〉という名前で、今ではアグレスティスの売上げを超えてしまいました（笑）。今は二か月ごとにベルリンとブッケリを行き来し、イタリアから様々な食材をドイツに輸出して販売していますが、オリーブの収穫時期は畑を手伝うためにブッケリに帰ってきます。収穫が終わればまた、ベルリンに戻ります。

ピエトロの下にユリアという娘もいて、現在ベルリンの大学に通っています。大学に通いながらピエトロと一緒にマーケットでオリーブオイルなどを販売しています。事業が成長しているにもかかわらず、卒業後はブッケリに戻ると言っているのです。頼んでもいないのに（笑）。昔ベルリンは若者にとって一番いい街だと言われていましたが、今はブッケリの方がいいらしいです。私も友達と世界中を旅して回りましたが、ブッケリにあるものが他にはありません。ブッケリが大好きです。とても誇りを持っています。

アグレスティス（AGRESTIS）

私達の会社の名前はアグレスティスです。この名前はラテン語で農園という意味です。名前について悩んでいた時、ピッポが調べてきました。別に狙ったわけではないですが、Aから始まるので、どの展示会でもリストの最初に名前が出るのでよかったと思います。

今は世界各国で開催されるオリーブオイル・コンペティションで受賞出来るようになりました。世界的なコンペティションで賞を取って賞状をもらい新聞にも載りました。名誉ですよね。ブッケリでは泥棒ぐらいしか新聞に載らないですから（笑）。

賞が狙えるようなオリーブオイルを作りたいと思ったのは、モロッコやチュニジアの安いオリーブオイルが出回るようになってきたからです。私達は色々な国を回っていたので、今後更に安いオイルが出てくることもわかっていました。価格で勝負するのではなく、コンペティションで受賞出来るオリーブオイルを作り、クオリティで勝負しようと思ったのです。

その準備として、最初に各地のコンペティションに足を運びました。自分達のオリーブオイルのレベルを知るためです。行った先でオリーブオイル鑑定士の人達に出会いました。プロの鑑定士は私達のオリーブオイルのレベルがどのくらいかはっきりと教えてくれます。彼らと同じテーブルについて、どうしたらもっとクオリティを上げられるのか意見を聞きました。特にトスカーナのオリーブオイル鑑定士の意見は凄く助けになりました。

例えば、当時私はオリーブオイルを金網で濾過することに反対していました。深く澱んだモスグリーンの方が美味しそうに見えて、消費者にアピール出来ると考えたからです。ただ、彼は搾油後にオリーブオイルに沈殿する不純物〈澱《おり》〉から酸化が始まり劣化するので、絶対に濾過が必要だと言ったのです。そこで試しに金網で漉してからコンペティションに出したら高い評価を受けたのです。私はそれまで濾過に反対でしたが、彼の意見に従ったことで高い評価が得られたわけだから信じるしかないですよね。

他にも北イタリアのトリエステで開催されるオリーブオイルの展示会で出会った鑑定士はブッケリまで来てくれて、とても仲のよい友達になりました。そのような鑑定士との出会いと、彼らの知識に助けられて今があります。

オリーブオイルは品種によって香りも風味も違い、人によって好みも違います。賞を取ったオイルが必ずしも皆に好まれるわけではありません。家族内でも好みは違います。

今年出来立てのオリーブオイルを親戚に持っていきました。一週間後、妻の妹から電話がかかってきて、「ピーノ、こんな辛いオリーブオイルは食べられないわ」と言われたのです。今度は香りも辛みも劣化した昨年のオリーブオイルを送ったところ、「ピーノ、このオリーブオイルは素晴らしいわ！」って（笑）。

最初に送ったのは搾り立て〈ノベッロ〉オリーブオイル。搾油直後で濾過前のオイルです。香りと辛みが強烈なので、淡白な白身魚のようにデリケートな料理には合いません。強いオリーブの香りで魚の風味は消えるでしょう。一方、新鮮なモッツアレラチーズにかけるなら、バジルのような薬味はいりません。そのぐらい香りが強いのです。もちろん中には強い香りが好みではない人もいます。自分が美味しいと思うものを好きに選んで欲しいのです。

ただ、好みとは別に、私は皆さんに理解してもらいたいことが一つだけあります。

オリーブオイルは自然の恵みから生まれるということ。自然の恵みだからこそ、毎年全く同じオリーブオイルにはなりません。思ったほどクオリティが高くない年や、今年のように驚くほどクオリティが高い年もあります。常に一生懸命作っていますが、農作物であるため私達の努力ではどうにもならないこともあるのです。例えば、収穫期の雨はオリーブオイルのクオリティを下げてしまいます。オリーブオイルは工業製品ではないので、いつも全てが同じにはなりません。私はそのことを世界中の人に理解して欲しいと思います。消費者と私達作り手がフェアな関係を築くことが大切だと思うからです。

私達のオリーブオイルは今まで一度もクオリティに関するクレームを受けたことがありません。私達のオリーブオイルを買ってくれる人達は、流行っているからとかトレンドだからではなく、このオリーブオイルが好きだから買ってくれているのです。私達のオイルのリピーターは今年のオリーブオイルが昨年ほどではないなと思っても、次の年の搾油を待ってくれます。多くのリピーターはオリーブ畑も見に来てくれています。

夢

オリーブの木は収穫したら翌年は休ませます。[*8] そのため二万二〇〇〇本の木を持っていても、毎年一万一〇〇〇本分しか実がならない計算になります。今は収穫量が減ってきていて、毎年八〇〇〇キログラムくらいしか採れません。収穫量が減った一番の理由は気候変動です。私の感覚では二〇年前に比べて半分ぐらいに減った気がします。

経済価値も大きく変わりました。シチリアだけの問題かもしれませんが、オリーブの実の販売価格は二〇年前と変わっていないのに物価や人件費は劇的に上がりました。オリーブの木を全て手入れするためには、剪定も含めて三万五〇〇〇ユーロくらいかかります。もし木を売っても、一本一〇〇ユーロぐらいにしかなりません。オリーブの生産者も減り、木のケアをしたくても出来ない状況が生まれています。

私には家もあるし、オリーブ畑も持っているし、毎年オリーブの実が採れてビジネスにゆとりもあります。仕事はやめようと思えばいつでもやめられますが、手のかかるオリーブの仕事は何より楽しいのです。何が一番楽しいかといえば、荒れ果てたオリーブ畑を任されて、ボロボロのオリーブの木をケアして、元気で健康な状態に戻すこと。健康になった木が実をつけてくれると幸せを感じます。以前ある木を手に入れた時、その木は病気の状態でした。枝が木に巻きついて、乾いていました。それを治すことが出来たのです。

少し前の話ですが、前から凄く欲しい土地がありました。オリーブの木が放置され荒れ、山の斜面でもあり凄く難しい土地ですが、手に入ったら面白そうだと思って狙っていたのです。土地の持ち主はお爺さんでしたが、亡くなると子供達はその土地を売りに出しました。すぐに買い、平らで手入れがしやすい土地は人に売り、斜面の荒れた土地を残したのです。平らな土地が高く売れたので、そのお金でお爺さんの土地を購入した代金全てを賄えました。平地は大きなトラクターで土を掘り起こせますが、急斜面の土地は手動のごく小さなトラクターしか使えないので耕すのも大変です。コストも一〇倍かかります。私はそんな難しい荒れた畑を蘇らせていくのが楽しいのです。

難しい土地を少しずつ増やし、今は山から谷まで全て自分達の土地になりました。今後も難しくて荒れた土地があったら蘇らせたいと思っています。これが私の生きがいです。

ピエトロとサルボは別の夢を描いているらしいです。彼らは将来ワインを作りたいと言っていますが、私は自分の務めを延長しているだけです。それが面白いからやめられないのです。

ピーノの畑で一番大きなオリーブの木。1本から最低200kg以上の実が採れる。樹齢2000年以上のオリーブの木。枝の下は人間が立って歩けるほどの高さ。

第一章　シチリア備考

＊1　**イタリアの最も美しい村**　二〇〇一年イタリア全国コムーネ協会のツーリズム協議会が設立した最も美しいイタリアの村組合。現在三二九村が認定されている。ブッケリもその一つ。

＊2　**剪定**　木の枝や葉を切り取る作業のこと。主な剪定の目的は実をつけない枝をカットし、栄養や水分を実をつける枝に効率的に回すことと、オリーブの樹の中まで万遍なく日があたるように枝の一部を切り取り、生育や結実を均一すること。

＊3　**オリーブオイルは健康によいというキャンペーン**　一九四八年に、ロックフェラー財団によるギリシャ、クレタ島民の長寿に関する調査により、オリーブオイルと果実、穀物、そして新鮮な魚介類、牛肉より羊や山羊の肉、その乳製品を中心とした食生活が長寿の要因と報告されている。また、二〇一〇年にユネスコ無形文化遺産に「地中海式食事」が登録されたきっかけとなったのはミネソタ大学教授のアンセル・キース博士とそのグループが一九五八年から一〇年間に渡り、ギリシャ、イタリア、旧ユーゴスラビア、オランダ、フィンランド、アメリカ、日本で調査した「七か国調査」。この研究結果から、「地中海式食事は健康によいらしい」という知見が世界中に広まった。

＊4　**原品種**　その土地で生まれた土着の在来品種。

＊5　**DOP**　EUにおける高品質な農産品・食品の名称を保護するための制度。原産地呼称保護（DOP：伊Denominazione di Origine Protetta、PDO：英Protected Designation of Origin）と地理的表示保護（IGP：伊Indicazione Geografica Protetta、PGI：英Protected Geographical Indication）がある。DOPはIGPに比べて製品と産地の結びつきをより重視しており、生産工程（生産、加工、調製）の全てが一定の地理的領域内で行われている必要がある。

＊6　**交配種**　受粉を目的に植えられるオリーブの品種。オリーブは風を媒介にして受粉する「風媒花（ふうばいか）」。品種により自家受粉能力に差があり、オリーブの品種によって自家受粉能力がないか低い場合が

ある。自家受粉が出来ない品種の場合、畑に一定の割合で花粉が軽く風に運ばれやすい受粉用の交配種が植えられる。

交配種として有名な品種は、多くの品種と交配性があるビアンコリッラ種やレッチーノ種など。効率的に受粉するように、花の開花の時期や風の吹く方向など地形的特性などを考慮して植えられる。

＊7 **EU有機認証**　EUの政策執行機関「欧州委員会（Europian Commission）」が制定する有機の規則に則っていることを証明する制度。
有機の称号を取得するまでに最低五年かかる。申請前の最低五年間、毎年土壌の有害な化学物質量を検査し、規定値より下回らないと申請出来ない。

EU内で生産され、有機認証を取得した場合は、EU有機のロゴマーク（ユーロリーフ）の添付が義務付けられており、消費者が有機食品をロゴマークにより判別出来るようになっている。EUにおいて認証が必要とされる「生産、加工、流通の全工程」には一次生産から、保管、加工、輸送、販売、最終消費者への供給、輸入、輸出および委託作業までのあらゆる工程が含まれている。日本の有機JASが認証を要求する対象よりも範囲が広い。

＊8 **隔年結実性と呼ばれるサイクル**　梅や柿など果樹がよく実のつく年とそうでない年があるように、同じ果樹であるオリーブにも「チャージ・イヤー」と呼ばれる生産量が多い年と、「ディスチャージ・イヤー」と呼ばれる生産量が少ない年がある。

capitolo 2

Crete

第2章 ギリシャ クレタ島

Greece

樹齢4000年を超える世界最古とされるオリーブの木。オリンピックの聖火リレースタート時のオリーブ冠はこの木から作られる。

エーゲ海に面したクレタ島の海岸。ベネチア共和国統治時代の建造物が並ぶ。

ACHINOS
malibu

クレタ島の街並み。オリーブの木の伐採は法律で禁じられているため、オリーブの倒木を使った雑貨を売る店が並ぶ。

KNOSSOS

24
26
Cretan Traditional Products

Pamako
Pamako

カラフルな陶器で作られたドアノブなど、可愛らしい雑貨を売る店やレストランが並ぶ。クレタ島は観光と暮らしが共存している。

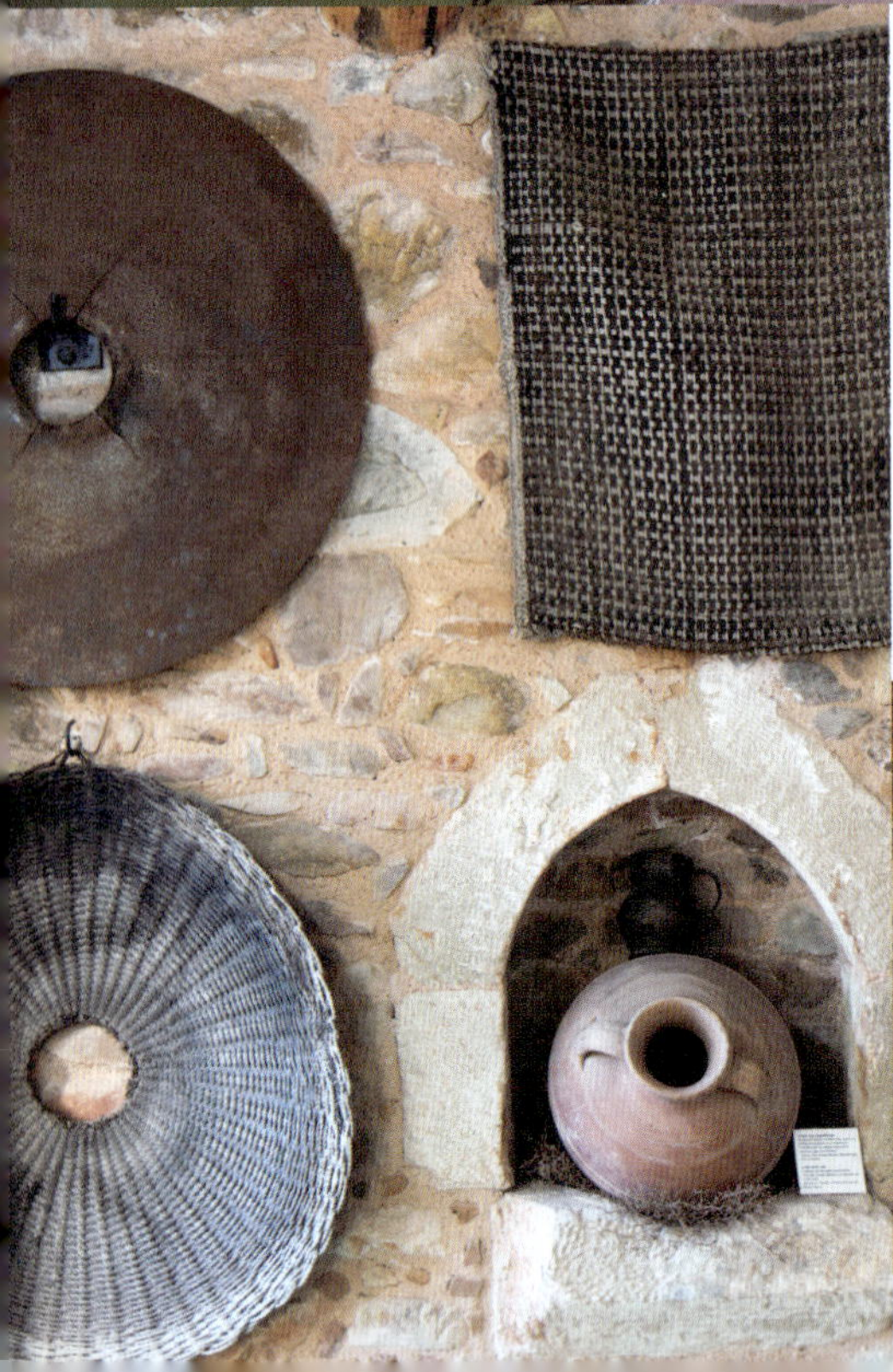

左）世界最古とされるオリーブの木は中が空洞で人が入れる大きさ。右）その木の横にはオリーブミュージアムがある。内部にはフィスコロなど昔の搾油道具が並ぶ。

クレタ島随一のオリーブオイル研究所。官能評価の際には1人ずつ仕切られたブースでテイスティングを行い評価シートに書きこむ。

右）ギリシャの代表的なオリーブの原品種コロネイキ。
左）左手の大きな実がコロネイキ種。右手の小さな実がツナティ種。

左）クレタ島では搾油するオリーブオイルの85%以上がエキストラバージンという驚異のクオリティ。右）クレタ島の代々続くオリーブオイル生産者のファミリー。

li ulivi dell'isola di Creta

G

クレタ島は地中海の東部、エーゲ海にあるギリシャ最大の島。
世界でも屈指の長寿の地域であるこの島には、
クレタ文明〈紀元前2000年頃から栄えた文明〉を象徴する
クノッソス宮殿をはじめ、多くの遺跡が発掘されている。
クレタ島の都市ヴォーヴェス（Vouves）には、諸説あるが、
樹齢4000年以上で世界最古とされるオリーブの木がある。
この木は内側が割れ、人が入れるほど大きな空洞となっているが、
樹皮の内側の形成層を通り栄養分や水分が巡り毎年実をつける。
オリーブの木は死なない。まさに不老不死、生命の木である。
古代ギリシャ社会では、オリーブは平和、豊穣、豊かさ、そして再生の象徴とされていた。
夏のオリンピックが開催される年には、この木に神聖な儀式と祈りが捧げられ、
カットされた枝はオリンピックの聖火リレーがスタートするアテネに送られる。
このクレタ島にオリーブオイルやその他農作物の品質管理と分析を行う研究所がある。
研究所の所長は、官能評価法を確立した
マリオ・ソリナス教授*1の第一期生、エレフテリア・ゲルマナキ。
オリーブオイルは経済的な価値だけでなく、
地球全体を癒すことが出来る神聖な食品だと考える彼女は、崇高な信念のもと、
分析や官能評価の結果を基に栽培や搾油の指導に日々当たっている。

Eleftheria Germanaki

クレタ島ACR官能評価研究所所長・農学博士
オリーブオイル鑑定士・国際審査員

エレフテリア・ゲルマナキ

クレタ島

クレタ島は長寿の島[*2]と言われ、オリーブオイルと果実、穀物、そして新鮮な魚介類、牛肉より羊や山羊の肉、その乳製品を中心とした食生活が長生きの秘訣と語り継がれています。

この島ではクレタ文明の時代からオリーブオイルが使われていました。昔は冷蔵設備がなかったため、野菜もハーブもチーズもオリーブも全てオリーブオイルに漬けて保存していました。

今も生活にオリーブオイルは欠かせません。クレタ島の一人当たりの年間オリーブオイル消費量は、約三〇キログラム[*3]と世界でも有数のオリーブオイル消費地域です。クレタ島では料理のほとんど全てにオリーブオイルを使います。パンやお菓子もバターではなくオリーブオイルで作ります。食用以外にも石鹸やシャンプー、また皮膚の保護や日焼けの炎症防止、虫刺され、ミサや洗礼式、結婚式の儀式などあらゆる用途にオリーブオイルが使われています。クレタ島ではオイルと言えばオリーブオイルです。オリーブオイル以外のオイルがないのです。

私はクレタ島第二の街ハニアから一五キロほど内陸に入った海抜五〇〇メートルの丘陵地帯にある村で生まれました。祖父の代からオリーブ畑と搾油所を所有しています。父は祖父の後を継ぎ、オリーブを栽培し、搾油所を経営していました。そのような家で育った私にとって、オリーブに関わる仕事に就くことはごく自然なことでした。

私は現在、クレタ島にあるACR官能評価研究所の所長を務めています。

この研究所ではオリーブオイルの品質を鑑定する官能評価を行い、鑑定証明書を発行しています。この研究所が発行する鑑定書は国際規格〈ISO17025〉で認証される国際的に有効なものです。それ以外にも、オリーブオイルの生産者や関係者に向けて、官能特性を理解するための研修や栽培、剪定、搾油、保管、輸送に関する知識を深めるためのセミナーを開いたり、クレタ島産オリーブオイルの品質を高めるため、関係する協会や他の島の研究所と協力してクレタ島オリーブオイル・コンペティションを主催したりしています。私自身もニューヨーク国際オリーブオイル・コンペティション、イタリア国際オリーブオイル・コンペティション、イスラエルのテッラオリーボ国際オリーブオイル・コンペティションなど、年に一〇回ほど世界各国で開催される国際オリーブオイル・コンペティションで審査員を務めています。

私がこの官能評価の仕事に就いたのは二三歳の時でした。

一九九三年にマリオ・ソリナス教授がギリシャで、地中海沿岸地域の農学博士を対象に開催した官能評価のセミナーに参加して、直接指導を受けました。同年に私は息子を出産していたのですが、生まれたばかりの息子を家族に預けて一〇日間のセミナーに参加したのです（笑）。私はギリシャにおけるマリオ・ソリナス教授の第一期生なのです。

オリーブオイルの官能評価法〈人の五感を通してオリーブオイルの品質を評価する方法〉は今から約四〇年前、マリオ・ソリナス教授によって確立されました。それまで官能評価の基準は国や地域によって異なっていました。しかし、流通が発達し世界中でオリーブオイルが取引されるようになり、国際的に基準を統一する必要性が生じたため、国際オリーブオイル協会〈現・国際オリーブ協会*4 略称ＩＯＣ〉から依頼を受けたマリオ・ソリナス教授を中心とするイタリア、スペインの研究者チームが策定したのです。現在ではＩＯＣの加盟国はその基準を自国の法律に取り入れ遵守しています。

セミナーは理論だけではなく、教授と共にテイスティングしながら官能評価の方法を習得する実践的なものでした。教授は確立したばかりの官能評価法について詳しく説明し、オリーブオイルの品質を守るために官能評価がいかに重要か、官能評価の意義と具体的な方法について熱心に教えてくれました。

基準が確立される前からオリーブオイルが身体によいことは色々語られてきましたが、誰も教授ほど論理的に説明出来る人はいませんでした。何より教授は官能評価を通じてオリーブオイルのクオリティを高めていくことに強い使命感を持っていました。

このセミナーに参加したことで初めて道が開けたように感じたのです。セミナーで官能評価を習得するには経験と感覚を磨いていくことが大切なことを理解し、それから毎日、オリーブオイルのサンプルをテイスティングするようにしています。

この研究所は二〇〇七年にEUの認証を受け、オリーブオイルの官能評価研究所としてオープンしました。私は若く、キャリアをスタートしたばかりでしたが、研究所の責任者になりました。正式な官能評価法を学んだ人がクレタ島だけでなく、ギリシャでも私だけだったからです。その後、二〇一二年所長になりました。私のキャリアはこの研究所からスタートしたのです。

教授との出会いは運命だったと思っています。教授との出会いの後、私は大きな夢を持つようになりました。

研究所

最近嬉しいニュースが届きました。この研究所がＩＯＣの正式な認定を受けたのです。〈取材日二〇二二年一〇月〉

ＩＯＣが公認している研究所は世界でも数が少なく、しかも多くは大学に付属した研究機関です。私達のような独立の研究機関が認定されることはとても難しいことです。

ＩＯＣから正式な認定を受けるためには、鑑定を行うオリーブオイル鑑定士の能力、研究施設、活動内容に至るまでＩＯＣが定める様々な条件を満たす必要があります。一度認定を受けても永続的ではなく、毎年認定研究所のリストは見直されます。昨年まで認定を受けていた研究所が認定されないことも起こり得ます。ＩＯＣから認定を受けることは大変なことなのです。

このように厳しく管理されるのは官能評価の結果が法的効力を持つからです。

オリーブオイルは法律で官能評価と化学分析による鑑定が義務付けられており、鑑定結果によって「エキストラバージン」「バージン」「オーディナリー」「ランパンテ」の四つのカテゴリーに分類されます。「エキストラバージン」は最高品質で、一切のディフェクトがない完璧なオイルです。私の研究所でも、生産者達から送られてくるオリーブオイルのサンプルがどのカテゴリーに属するかを鑑定し、官能評価鑑定書を発行しています。

鑑定はオリーブオイル鑑定士が行う官能評価と化学分析の両方を行いますが、正直、官能評価で「エキストラバージン」であれば、化学分析でも九九％「エキストラバージン」なので必要ないくらいです。化学分析で「エキストラバージン」となっても、官能評価でNOの場合はありますが、その逆はありません。

生産者にとって、その年搾油したオイルが「エキストラバージン」かそうでないかは収入面においても大きく影響します。私達は常に正しく、完璧な鑑定を行わなくてはいけません。官能評価を行うパネルグループ〈オリーブオイルの品質を鑑定する評価グループ。正式な鑑定は一人では行わず、必ず八〜一二名の決められた数のオリーブオイル鑑定士からなるパネルグループで行う〉の能力や評価環境はIOCから常に厳しくチェックされます。鑑定を行う鑑定士は機械のように常に正確に評価出来なくてはいけないのです。

例えば、パネルグループを率いるパネルリーダー〈官能評価に全責任を持つオリーブオイル鑑定士〉はIOCが年に一度実施するリングテスト〈パネルグループの官能評価能力が維持されているかをチェックするテスト〉を受けます。リングテストは国ごとに一斉に行われ、もし全パネルグループの官能評価の平均値から大きくはみ出すと、そのパネルリーダーの資格は剥奪され、パネルグループも解散となります。私の研究所のようにIOCの正式認定を受けている研究所は、リングテストに加え、毎

官能評価を行う個別ブース。

テイスティンググラスと評価シート。

月官能評価のレベルをチェックするテストを受けなくてはいけません。

評価環境も鑑定士が正確に評価出来るよう、IOCの基準に則り調える義務があります。例えば、評価室の室温は二〇~二四度。部屋の換気や防音も充分に調っていなくてはいけません。評価ブースは隣の人が見えないように仕切り、ブースの寸法や壁の色も規定されています。評価サンプルの温度は香りを最も感じやすい二八度。一定温度で保温出来るウォーマーを使っています。

正しく運営されているかも定期的にチェックを受けます。法的な効力を持つ鑑定であるからこそ人も環境も完璧でなくてはいけないのです。

教育

この研究所では教育にも力を入れていて、様々な研修やセミナーを開催しています。大学に付属した研究機関は全て文部省の許可を受けなければならないため、オリーブオイルのクオリティを上げる促進活動が制限されますが、私達のような独立機関は比較的自由にセミナーやコンペティションの運営、生産者への指導を行うことが出来ます。

オリーブオイルの研究や生産、搾油技術はここ何年かで大きく進化しました。オリーブオイルのクオリティは格段に向上しています。けれどもその変化を受け入れていない生産者も多くいます。生産者と消費者の認識と研究結果が相反する場合もあります。例えば、オリーブオイルの辛みは栄養価が高く、身体によいと研究結果が発表されていますが、辛みと栄養価は関係がない、辛いことが悪いことだと思っている人もいます。

生産者向けのセミナーでは「三〇年前の常識を忘れて、もう一度ゼロからオリーブオイルを学びましょう」と伝えています。また、「オリーブオイルを作る一〇の大切なこと」をまとめたパンフレットも作成し配布しています。

オリーブオイルを作る一〇の大切なこと

1 調和はとても重要。自然、土、木は互いに支え、互いに栄養を与えている。人間はこの関係に敬意を払い、自然とその恵みから生まれるオリーブの実を大切にすること。

2 自然に敬意を払い、健康な木を育て、健康な実を収穫するためには薬品の使用を最小限に抑えること。使用可能な殺虫剤や除草剤は政府が認めているものだけ。

3 最適な熟成度で収穫すること。収穫の時は実も木も傷つけない。

4 収穫した実は小さな通気性のよいかごを使って迅速に搾油所へ運ぶこと。

5 搾油所は常に清潔に保つこと。搾油したオイルの搾りかすも匂いも残さず、搾油後は完全に洗浄する。

6 搾油したオリーブオイルは化学分析と官能評価にかけること。クオリティを高めるためには搾油したオイルの評価を正しく知ることが大切。

7 品質を管理するため、搾油したオリーブオイルはロットごとにステンレスタンクに保存する。タンクはオイルを入れる前に綺麗に洗浄し、完全に乾かすこと。

8 搾油する際には必ず、オイルを濾すひと手間をかけて、搾りかす〈澱〉が混ざらないようにすること。〈澱から酸化が始まり、オイル全体が劣化するから〉

9 クオリティの敵は光、温度、湿度、酸化。敵にオイルを劣化されないよう常に気を配ること。

10 常に明日はもっとクオリティの高いオイルを搾油すると思うこと。そのために官能評価と化学分析結果を把握することが大切。

セミナーの最後には、まず、私達が無知であることを知るように伝えています。無知であることを認めないとスタート出来ないと思っているからです。

生産者への教育や指導は個別に行っています。生産者によって抱える課題が違うからです。生産者を回って状況を把握し、それぞれの相談に乗りながら指導をしています。大抵の生産者は翌年には忘れてしまいますけどね（笑）。

それでも根気強く指導し続けた結果、生産者の知識が深まってきたことを実感しています。昔は、搾油したオリーブオイルを何でもとりあえず持ってきて、「どう？　どこが悪いのか教えてくれよ」という感じでしたが、今では一番よく出来たと思うオイルを鑑定に持ってくるようになりました。つまり自分で選べるようになったのです。オイルを選べるようになったということはクオリティを客観的に評価出来るようになったということです。当然クオリティも上がります。相談内容も、どこが悪いかわからないというものから、もっとクオリティの高いオリーブオイルを作るためには何を改善すべきかという内容に変わってきました。

クオリティが高まってくると課題も複雑になります。各生産者の状況をより正確に把握した上で課題に取り組むことが必要になります。私は生産者に的確なアドバイスが出来るように毎年サンプルを研究所に送ってもらい、生産者ごとにデータを集積し、過去のデータと比較分析しながらアドバイスを行っています。

中でもコンペティションで受賞するような生産者の場合は指導も難しくなります。クオリティの高いオイルには基本的に大きな課題はないわけです。アドバイスも実を粉砕する刃の長さをミリ単位で変える、攪拌の回転時間を何秒か短縮する、オイルが通る管を冷却する、などより細部に亘るようになります。このような微細な改善の積み重ねがクオリティにつながります。

教育の対象は生産者だけではありません。搾油所の技術者、輸出業者、販売店やレストランのスタッフやシェフなど、オリーブオイルに関わる全ての人達を対象に行います。クオリティを損なわず消費者まで届けるためには生産から販売に至るまで、全ての人達が高い意識を持つことが大切だからです。

セミナーの受講者によっても課題や問題が異なるため研修内容も変えています。それぞれの課題にフォーカスして指導しなければ意味がないからです。例えば、輸送業者に依頼する大切な条件として、凍結と高温を避けることが挙げられます。オリーブオイルは一度凍ると品質が劣化します。また真夏に船で輸送する場合、港で炎天下に放置されると酸化してしまいます。船の輸送では、周りが海水に包まれ温度変化が比較的少ない船底にコンテナを設置してもらうようにします。

セミナーは研究所だけではなく、現場に出向いて行うこともあります。コンパクトで持ち運びしやすい教育用のオリーブオイル体験キットを作ったことで、最近は離れた地域の人に体験キットを送り、オンラインでセミナーを行えるようになりました。

体験キットには一〇個の小さなグラスが入っています。ギリシャの代表品種コロネイキ、ツナ

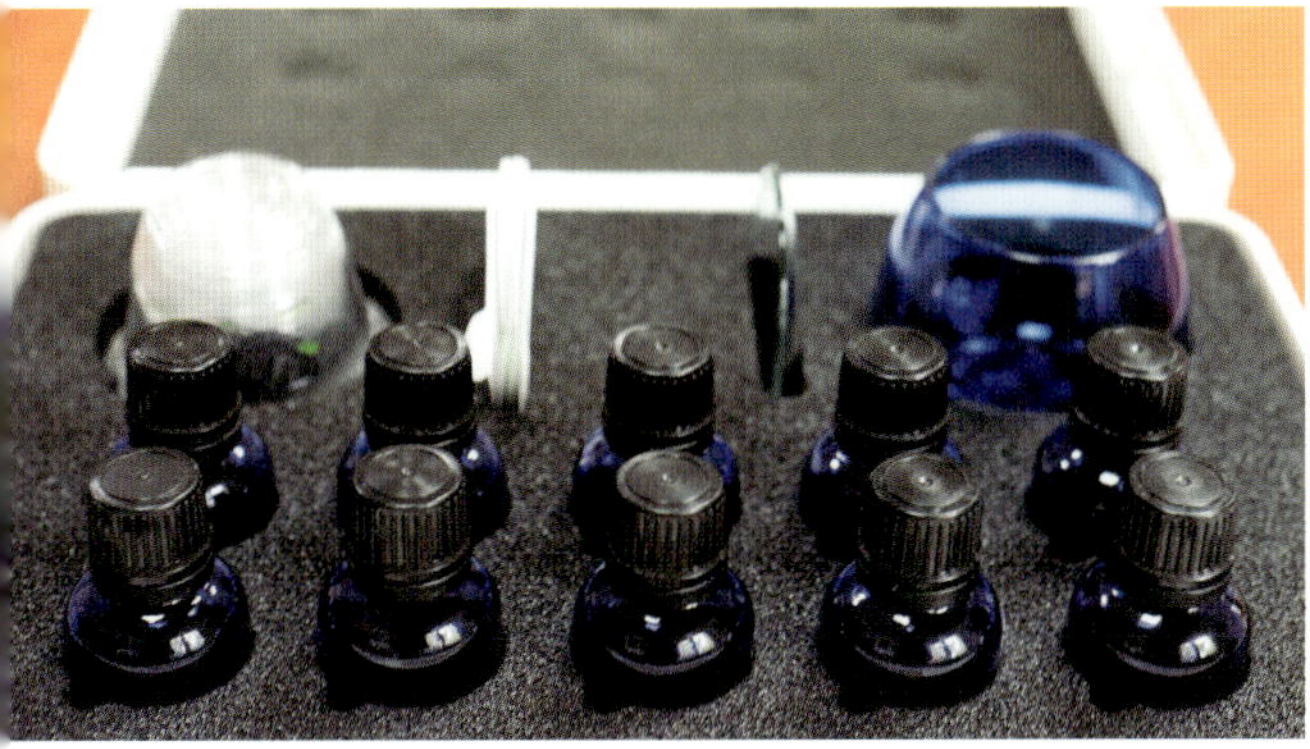

教育用オリーブオイル体験キット。全て再利用可能な素材で作られている。

ティなどのオリーブオイルのサンプルと、教育用に化学的に作ったディフェクトのサンプルです。この体験キットのサンプルは、全て研究所の経験豊かなパネルグループメンバーがギリシャの生産者にとって最も多いディフェクトを選定し作りました。

ディフェクトの香りと要因は直結しています。ハエが原因のディフェクト、実の酸化が進んだディフェクト、保存や管理が悪かったディフェクトではそれぞれ香りが違います。キットを活用し違いをしっかりと嗅ぎ分けられるようになれば、香りとディフェクトの関係に気づき、自分達のオイルに起こった問題も特定出来るようになります。

コンペティション

私は二〇一五年からクレタ島のオリーブオイル関係協会や他の研究所と協力して、クレタ島オリーブオイル・コンペティションを主催しています。エントリーが出来るのはクレタ島産のオリーブオイルだけで、参加した生産者は無償でアドバイスを受けられます。

コンペティションを通じてクレタ島全体のオリーブオイルのクオリティを高めていきたいと思っています。島内の生産者だけが参加出来るコンペティションですから、ライバルは全て同じ島の生産者達です。気象条件、土壌、品種はほぼ同じです。その中でしのぎを削ることでレベルを高めていくことが出来ます。

国際的なコンペティションの場合、世界各国から様々なオリーブオイルがエントリーします。中には強く明確な個性を持つ品種もあります。苦みの強い品種の代表として知られるイタリアのコラティーナなどがそうです。世界中のコンペティションでゴールドを受賞する、オリーブオイル界のキングと言われる存在です。一方、クレタ島にはグリーンアーモンドとアーティチョークやセージ、クルミの香りが特徴のツナティや、トマトやグリーンアーモンドの香りにジャスミンの甘い花やハーブの香りが感じられるコロネイキなど、ユニークな特徴を持つ原品種があります。コラティーナなど個性の非常に強い品種と比較すると、優しくデリケートな感じがして、クオリティが理解されにくいのですが、ギリシャの原品種の特徴をしっかり引き出したクオリティの高いオイルは、数は少なくても、国際コンペティションで受賞しています。私はクレタ島のオイルもクオリティを高めれば、世界中の強い個性の品種と競い合うことが出来ると思っています。

多くのコンペティションでは、ゴールド、シルバー、ブロンズの賞をそれぞれ複数のオリーブオイルに授与しますが、クレタ島のコンペティションではゴールド、シルバー、ブロンズの賞はそれぞれ一つ、計三つしかありません。他のコンペティションに比べて受賞オイルの数が少ないため、他のコンペティションで受賞している生産者でも賞が取れないことが多々起こります。

受賞出来なかった生産者はどこが劣っていたのか問い合わせてきます。その時私は生産者と必ず一対一で対話します。オリーブオイルを三つ、ボトルを目隠しして並べ、問い合わせてきた生産者と一緒にテイスティングします。一つは受賞したオイル。もう一つは問い合わせてきた生産者のオイル。もう一つは問い合わせてきた生産者のオイルより少し劣るオイルです。すると必ずと言っていいほど受賞したオイルが自分のオイルだと言います。ボトルの目隠しを取ってみせると、劣ると思ったオイルが自分のものだとわかりびっくりします。この気づきこそが高いクオリティを目指すスタートなのです。

クレタ島では主に伝統栽培によってオリーブを栽培している。

この時、生産者と一対一で他に情報が洩れないような形で行うことが重要です。私は鑑定士と生産者は医者と患者のような関係だと思っています。医者は患者の健康状態を検査して診断し、病気を特定して治療方法を指導します。私達オリーブオイル鑑定士もオリーブオイルの状態を正確に分析し、課題を特定し、クオリティを高める方法をアドバイスします。一対一で向き合うことで医者と患者のような信頼関係を築くことが出来るのです。

今年のコンペティションでは凄いことが起こりました。コンペティションには一七〇個のオイルがエントリーしましたが、ディフェクトのあるオイルは一つだけだった[*5]のです。七年間続けてきて初めてのことです。通常の国際コンペティションではエントリーしたオイルの三割ぐらいがディフェクトであることを考えると、これはとても凄いことです。

先程、私には大きな夢があると言いました。それはクレタ島のオリーブオイル全体のクオリティを高めて、クレタ島のオリーブオイルを世界中に広く知ってもらうことです。

研究所の所長に就任した際、まずクレタ島をエキストラバージン・オリーブオイルの島にしようと自分に誓いました。クレタ島の生産者が皆、オリーブオイルの最高品質であるエキストラバージン・オリーブオイルを作るようになれば、「クレタ島＝エキストラバージン・オリーブオイルの島」と世界から注目されるようになります。力のある生産者や大企業のオリーブオイルだけではなく、小さな生産者のオリーブオイルまで、どのクレタ島産オリーブオイルも世界中から求められるようになります。

しかし実現するのは大変です。生産者の中には色々な考え方を持っている人がいます。中にはクオリティよりも搾油量を優先してビジネスを広げたい企業もあります。エキストラバージン・オリーブオイルの搾油は、バージン・オリーブオイルと比較しても明らかに歩留まりが低く、言わば減産を依頼しているのと同じです。それでも地道な活動を続けてきた結果、現在クレタ島産オリーブオイルの八五％がエキストラバージン・オリーブオイルになりました。これは私の誇りです。

ただ、まだ夢の途中です。

エキストラバージン・オリーブオイルであることで満足せず、更にクオリティを高め、世界のコンペティションで受賞するオリーブオイル作りに取り組んでいきたいと思っています。これは私の使命です。クレタ島の生産者も同じ目標を持っています。私達は同じ夢を追う大きなファミリーなのです。

オリーブオイルのクオリティは強い想いから生まれると信じています。この強い想いはパッションや夢がスタートです。クオリティの高いオイルを作りたいというパッションや夢があれば、改善を繰り返す努力を惜しまず、クオリティが上がっていくと思っています。逆にパッションや夢がないとクオリティの高いオイルは作れません。

子供の時から父には簡単に諦めてはいけないと教わってきました。

父は人を助けることを大切にしてきました。お金だけを目標にして仕事をすることを嫌いました。生産量が少ない年、搾油代の支払いが厳しいとわかった時、父は搾油所に来る生産者に対して支払いを要求しませんでした。自分のオリーブ畑の収穫の仕事を与えたり、生活を支援することもありました。そんな父の背中を見て育った私にとって人を助けること、オリーブオイルのクオリティを高めていくことは至極当然のことなのです。

世界中で沢山のコンペティションが開催されていますが、ビジネス目的で運営されるコンペティションには興味がありません。コンペティションはクオリティを高めるためにあるべきだと思っています。

私にはオリーブオイルを通じて世界中に友人がいます。私と同じように生産者と向き合い、オリーブオイルのクオリティを高めることを使命だと感じている人達です。同志と感じられる人は世界中で一〇〇人もいないかもしれません。それでも同じ夢と目標を持つ友人達と知り合うことが出来ました。私にとってオリーブオイルは仕事を超え、まさにパッションなのです。


もう一つの大きな夢があります。

私が生まれた地域に生息する古代品種コンドロイヤをクレタ島の象徴となるオリーブオイルにすることです。コンドロイヤはクレタ島の原品種で、地中海全体で恐らく一位か二位を争う歴史

クレタ島の古代品種コンドロイヤから作られた「AKALLI」。

的に古い品種です。ギリシャ神話に登場するオリーブで原産地呼称保護制度によって保護されている地域もあります。クレタ島の山の上の修道院の近くには樹齢何千年を超えるコンドロイヤの木が多くありますが、大木のため収穫が難しくほとんど放置されてきました。コンドロイヤは辛みも苦みも深くて強く、コラティーナに匹敵する崇高なオイルになります。実自体も苦みがまろやかで食用にも適しています。

このコンドロイヤを復活させたいと思っています。

クレタ島はギリシャ神話の時代からオリーブと歴史を分かち合ってきました。島民達は歴史と伝統に誇りを持ち、最新の知識を取り入れてクオリティの向上に努めています。クレタ島を象徴するコンドロイヤを復活させ、世界中にオリーブの島クレタの存在を知ってもらいたいのです。

この願いを込めて、古代品種コンドロイヤから作ったオイルに「ＡＫＡＬＬＩ」とクレタの神様の名前をつけました。

娘について

エレフテリアの父の談

娘を心から誇りに思っています。

私の子供であるだけでも嬉しいのに、彼女のキャリアを考えると本当に誇らしく思います。これまでの努力も素晴らしいし、今後も続けて欲しいと思っています。

私自身、クレタ島のオリーブオイルの生産者として、何世代にも亘って受け継がれてきたオリーブ畑を持っています。地域の人達のために搾油所も持っていました。

昔は今のような高性能の搾油機がなく、フィスコロという平たいドーナツ形に編んだ円盤を何枚も重ねて搾油していました。収穫したオリーブの実を何日も放置して、結果的に酸化させていました。この方法ではクオリティの高いオリーブオイルは作れません。全ては正しい知識がなかったからです。今は搾油技術も進歩し、知識も深まりオリーブオイルのクオリティが向上しました。今後も品質が向上する余地は充分あると思います。

現在は引退してオリーブの仕事に直接関わっていませんが、毎日オリーブ畑に行って、木の様子を見ます。オリーブの木は自分の子供と同じです。木にはそれぞれ個性があり、同じ木は一つもありません。

エレフテリアは四人姉弟の長女で、下に弟と二人の妹がいます。姉である彼女は、子供の頃から搾油所の中で弟妹達のことを見守りつつ育ちました。エレフテリアは搾油所の中で生まれたようなものですよね。妹のうち一人はオリーブオイルに関係する仕事をしています。

エレフテリアの息子も、息子のガールフレンドもオリーブオイル鑑定士です。エレフテリアにとってこの家族に生まれたことは幸せだと思います。

クレタ島に昔から伝わる詩があります。

微笑みは
オリーブの実を砕く搾油機のように
苦しみも切り離してくれます。
毎日笑いましょう。

微笑みは
苦しみや悲しみを忘れさせてくれます。
毎日笑いましょう。
そして　来年
オリーブが実る頃
また皆で集まりましょう。
そして笑いながら
今日の日を思い出しましょう。

エレフテリアの父。

第二章　クレタ島備考

＊1　**マリオ・ソリナス（MARIO SOLINAS）教授**　オリーブオイル官能評価の祖。一九八八年から一九九一年までペスカーラのエライオテクニカ研究所のエライオ化学部門長、所長などを歴任。官能評価法を確立し官能評価の父と呼ばれる。現在もマリオ・ソリナスの名を冠するコンペティション、賞などがある。

＊2　**クレタ島は長寿の島**　「七か国調査」の研究結果より、心疾患が少なかったのがギリシャ、旧ユーゴスラビア、日本で、中でもクレタ島の死亡率が低く、心疾患に関しては食生活と関わりが深いことが判明。調査が行われた一九六〇年代、クレタ島の平均寿命は世界最高だった。

＊3　年間オリーブオイル消費量は年によって変動する。

＊4　**国際オリーブ協会（IOC）**　スペイン・マドリードに本部を置くオリーブオイルとテーブルオリーブの国際協定を管理している政府間機構。一九五九年、オリーブ栽培と生産の保護と開発のため、国際連合によって、国際オリーブオイル協会（International Olive Oil Counci／IOOC）として設立。その後、二〇〇六年に国際オリーブ協会（International Olive Council／IOC）に改名。IOCは、オリーブ業界における唯一の国際的な機関で、現在スペイン、イタリアなど世界のオリーブの生産量の九四％を占める生産国が加盟。IOCの活動目的は、オリーブオイルと食用オリーブの品質向上に努め、規格や取引基準などルールを制定、必要に応じて改正し、国際的な販売に力を入れることである。但し、日本は加盟していないため、IOCの基準は採用されておらず、「エキストラバージン」の表記に関する法規制はない。

＊5　オリーブオイルのコンペティションでは、審査前に、審査員によってスクリーニングが行われ、エントリーされたオイルの中からディフェクトのあるものは除外される。

spiegazione

解説

オリーブオイルの生産工程

processo di produzione dell'olio d'oliva

Emmanouil Karpadakis

クレタ島最大のオリーブオイル生産企業テラクレタ生産部長

エマヌイル・カルパダキス

オリーブオイルの生産工程

私はこのハニアにある搾油所から五キロほど離れた村で生まれました。五〇〇年前からずっとオリーブと関わっている家系です。両親もオリーブに関わっており、私自身も小さい時からオリーブに親しんできました。大学では航空工学を勉強し、二〇〇六年に今の会社に入社しました。私が勤めるテラクレタはクレタ島最大のオリーブオイルの生産企業です。エキストラバージン・オリーブオイルをベースに、クレタ島のハーブや柑橘類を使ったフレーバーオイルも作っています。

初めは搾油の機械調整とメンテナンスに、その後品質管理に携わり、現在はオリーブオイルの生産全体を管理する責任者を務めています。私はいつからとかではなく生まれた時からオリーブの世界にいたのです。

オリーブオイルの生産工程は非常にシンプルです。

1 搬入

契約している生産者のオリーブがこの搾油所に集まってきます。

収穫したオリーブの実は、実から発生する酸化熱が中にこもらないように、通気性のよいかごに入れて運ばれてきます。

私達の搾油所では地域内で栽培されたオリーブしか使いません。クオリティより搾油量を優先して他の地域や国からオリーブの実を安く買ってくることも出来ますが、それはしません。

この地域では九〇%近くがコロネイキという品種で、残りの一〇%はツナティという品種を栽培しています。

コロネイキはトマトやグリーンアーモンドにジャスミンの花の甘い香りが感じられるフローラルなハーブの香りです。辛みはミディアムで苦みはあまりありません。ツナティはグリーンアーモンドとアーティチョークなどハーブの香りでしっかり強い苦みがあります。

2 選別・洗浄

集められたオリーブの実の状態をチェックします。

当然ですが、傷ついた実は除きます。

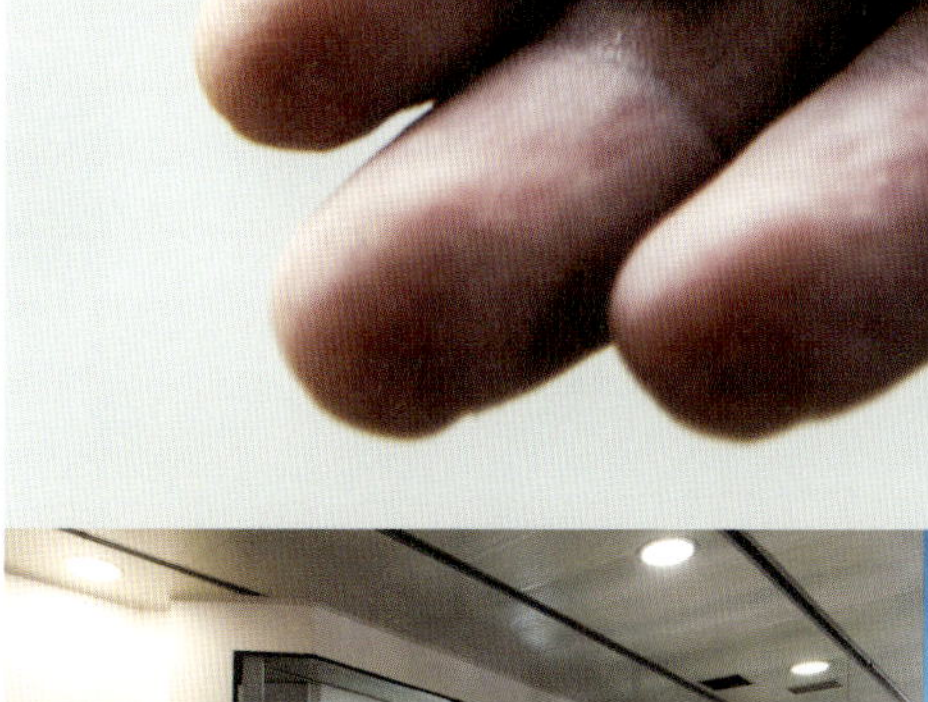

terra
creta

オリーブの実はミネラルウォーターで綺麗に洗います。この時大切なのは清潔な水で洗うことです。

洗浄後は少し乾かします。実と一緒に多くの水分を搾油すると、オリーブオイルの中に含まれる水溶性のポリフェノールの数値が下がるからです。

3 粉砕(砕いて)・撹拌(練る)

綺麗になったオリーブの実は粉砕してペースト状にし、ゆっくりと撹拌します。ペーストを練り込むことで、油滴が凝集しオイルを抽出しやすくなります。

オリーブの実は品種によって形、大きさ、熟成度が違うので、実の形状に合わせて機械の刃や回転速度、温度、時間を調整します。

撹拌する時の回転速度、温度、時間もとても重要です。

撹拌中にオリーブに含まれる様々な酵素が活性化されます。リポキシゲナーゼ酵素は揮発性の芳香成分を生成します。β-グルコシダーゼ酵素はポリフェノールの一種であるオレウロペインを分解し、ヒドロキシチロソールやエレノール酸誘導体などの化合物を生成します。これらの成分はオイル中に溶解し、辛みや苦みといったオリーブオイル特有の呈味特性に寄与します。

撹拌によってオリーブオイルの香や風味、抗酸化力といった栄養成分が調えられます。

私達の所では、通常、撹拌時間は一〇~二〇分ぐらいですが、気温が高い日は短くするなど日々細やかな調整を行っています。

4 搾油・濾過

粉砕・撹拌されて出来たペーストにはオイル、水分、搾りかすが混在しています。遠心分離機で比重差を使って分離し、水より比重の軽いオイルだけを抽出します。

搾油したオリーブオイルはタンクに入れ、二週間ほど寝かします。オリーブオイルに含まれている澱がタンクの底に溜まるのを待つためです。澱は金網か紙のフィルターを使って濾過します。濾過することで酸化を防ぎ賞味期限も長くなります。

残った水は貯蔵タンクに一旦貯めます。水は産業排水のため、そのままでは捨てられないからです。環境へ悪影響を与えないようにミネラル化して再利用するか、適切な処理を行います。

私達の搾油所では搾油中、搾油技術者以外は入らないようにしています。汗やたばこなどの臭いもオリーブオイルは吸ってしまうからです。生産者には搾油の様子を二階からガラス越しに見てもらっています。

5 ボトリング・出荷

濾過したオリーブオイルはステンレス製のタンクで貯蔵し、オーダーごとにボトリングして出荷します。

何かトラブルがあった場合に追跡出来るようタンクは畑ごと、そして搾油日ごとにナンバリングして管理しています。通常、一つの畑分を何回かに分けて搾油しますが、一回目の搾油、二回目の搾油と、搾油の回数ごとに分けて管理します。

全ての搾油工程が終わるのは毎年一月頃です。

クレタ島のオリーブオイルについて

クレタ島では、クオリティの低いオリーブオイルは作らないという意識が生産者に浸透しつつあります。クオリティと美味しさが比例するとわかっているからです。

身体によいオイルかどうかは、香りや辛み、苦みが表現してくれています。オイルに辛みや苦みがあるということは、ポリフェノールなど抗酸化成分を多く含んでいる証拠です。オリーブオイルの香りと風味は健康によい大切な要素とつながっているのです。もし逆に香りも辛みも苦みも全く感じられないオリーブオイルがあったとしたら、それはただの油です。ただの油を作ることは簡単かもしれませんが、何もないものからは何も得られません。

健康のことを考えると、自ずと香り、辛み、苦みがあるエキストラバージン・オリーブオイルを目指すことになります。健康によいものを作ることは私達にとっても幸せなことです。生産者達にも「自分達が作ったオリーブの実がクオリティの高いエキストラバージン・オリーブオイルになった」という満足感を得て欲しいと思っています。

私達はこの搾油所に持ち込まれるオリーブの実を搾油するだけではなく、クレタ島ACR官能評価研究所所長のエレフテリアと協力して、地域の生産者達への指導も行っています。この島全体のオリーブオイルのクオリティを高めていきたいからです。各地域の土壌を分析し、気候や土壌に合った品種を選定し、栽培や収穫の指導をしています。

ギリシャはフレーバーオイルの生産でも有名ですが、ここでもフレーバーオイル作りに力を入れています。フレーバーオイルの需要が高まっているためです。特に北欧など、レモンやバジルなどが育たない市場からリクエストがあります。

フレーバーオイルにはオリーブオイルにエッセンスを加えて作ったものもあります。私達は有機栽培で栽培したレモンやバジル、にんにくなど、フレッシュな果物やハーブを乾燥させてオリーブと一緒に粉砕して搾っています。フレーバーオイルに使う素材も、地域内で栽培し、収穫したもののみです。

残念ながら、ただエッセンスを加えて作ったフレーバーオイルと、素材となる野菜やハーブを有機栽培するところから取り組んでいる私達のフレーバーオイルの違いは消費者にはなかなか伝わっていません。消費者とのコミュニケーションは難しいですね（苦笑）。

capitolo 3

Anatolia

第3章
トルコ
アナトリア

Turkey

エーゲ海に面したトルコ、エドレミト地域のオリーブ畑でトルコの原品種アイバリックを摘む人々。

左）エーゲ海から強い潮風が吹き、オリーブの木に虫がつかない。収穫は全て手摘み。高い枝は櫛のような工具で揺らして落とす。右上）高い木にも出来るだけ登って実を摘む。

昔からオリーブを摘んでいるプロフェッショナルな女性達。

左）オリーブ畑にイチジクを植え、甘い香りでオリーブミバエを誘う。右上左）山の斜面に広がるオリーブ畑。右上右・右下）エーゲ海に面したオリーブ畑。収穫の合間に家から持ち寄ったチャイ〈お茶〉で癒しのひと時。

右）ベストタイミングで収穫されたトルコの原品種アイバリックの実。左上）搾油中のオリーブオイル。左下）搾油直後のオリーブオイルをテイスティング。

左）トルコのオリーブオイルの作り手ファミリー。右）朝食から自家栽培の無農薬食材が並ぶ。オリーブ以外にも野菜からハーブ、フルーツ、チーズまで全て自家製。

左）オリーブ畑や菜園、果樹園の他、家畜も育てるファミリー。右）エーゲ海に面した小さな村にはオリーブオイルの専門店が並ぶ。

li ulivi
in Anatolia

ユーラシア大陸の南西部に位置する広大な半島アナトリアは
古代ギリシャ語で太陽が昇る地を意味し、
エーゲ海に面する温暖な気候に恵まれた西部は
諸説あるが、オリーブオイル発祥の地とされている。
エフェソス考古学博物館には、オリーブオイルを
搾油していたと見られる潰したオリーブの実の遺跡が保存されている。
またイズミール近郊の都市ウルラには、
世界最古とされる紀元前600年のオリーブオイル搾油施設が残っており、
この地からエーゲ海沿いにオリーブの実やオリーブオイルが輸出されていたという。
このアナトリアの地で、トルコの原品種のオリーブオイルを作っている
若き実業家メメット・マニサリがいる。
オリーブオイルの官能評価法をイタリアで学び、
国際コンペティションの審査員も務め、自身も世界各国の国際コンペティションで
100以上の賞を受ける彼は、エーゲ海の海岸沿いと内陸の2か所に
トルコの原品種のオリーブの木を3万本所有。オリーブ畑から菜園、
搾油所、レストラン、ホテルを1か所に集めた施設を運営し、
オリーブオイルのアグリツーリズムを提供し、
トルコ産オリーブオイルの魅力を世界に伝えようと奮闘している。

G

Mehumet Manisali

オリーブオイル生産者　キルリ（KIRLI）代表

メメット・マニサリ

オリーブ畑

僕は約三万本のオリーブの木を栽培しています。この一帯は地層中に水が豊富にあるため乾燥に強く、オリーブ作りに適した豊かな土地なのです。

主な品種はアイバリック。甘い香りが特徴で、程よい苦みに青リンゴや青いバナナ、グリーントマト、青草の香りがします。海岸の畑は海から吹く潮風が強く、日射量に恵まれているため少しデリケートなオイルが、山の中腹にある畑は標高が高く日射量に恵まれていて湿度が低いため、きりっとしたストロングなオイルが出来ます。同じ品種でも土壌や気候によって香りや風味が変化します。

この他にドマットとメメチックも栽培しています。ドマットは青リンゴと青いバナナをベースにピーチやアーモンドの柔らかで繊細な甘い香りが、メメチックはグリーンアーモンドとミント、クレソンやルッコラなど新鮮な青野菜の香りが特徴です。僕が育てている品種は全てトルコの原品種で有機栽培です。除草剤や害虫駆除などは一切使っていません。

オリーブの天敵はオリーブミバエですが、海岸沿いの畑ではエーゲ海から吹く強い潮風のおかげでハエが寄りつきません。山の畑ではハエ対策用にイチジクの木を何本かオリーブの木の間に植えています。イチジクの甘い香りがハエを寄せつけるのです。これはトルコに昔から伝わる知恵です。

また、山の畑では馬を放牧しています。山の畑は急斜面にあり、機械を使った草刈りなどの作業は難しいのですが、馬なら大丈夫。雑草を食べながら登ったり下りたり出来ます。馬糞は土壌の肥やしになり、歩き回る馬のおかげで土は軟らかくなり、オリーブの木の周囲に腐葉土が増えます。馬を使うのは自然に配慮した効果的な方法なのです。

収穫は手摘みで行います。

トルコでは昔から女性がオリーブの実を手摘みしてきました。僕の畑で働いている女性達も長年この仕事に携わっています。収穫時には八〇人ぐらいの女性をいくつかのグループに分け、グループごとに異なる畑で収穫します。手の届く高さまでは女性が手摘みし、高い所は男性が梯子や器具を使って枝を揺らし、木の下に敷いた網の上に実を落として集めます。みんな僕がクオリティの高いオリーブオイルを目指していることを知っているので、一粒ごと丁寧に摘んでくれます。

毎朝グループリーダーの男性が彼女達を大型車で迎えに行きます。片道一〇〇キロメートルあるので往復二〇〇キロメートル。車は僕が用意します。みんなお弁当やチャイ〈お茶〉のセットを抱えて、おしゃべりしながら車に乗ってきます（笑）。

海沿いの畑にてオリーブの収穫の様子。

農園とホテル「オリーブバラエティ」

一二年前、僕はオリーブオイル発祥の地とされるこのアナトリア〈アナトリアは現在トルコの大部分を占めるが、メメットは古代からオリーブと関係が深いトルコ西部エドレミド近郊をアナトリアと称している〉で、オリーブオイルのアグリツーリズムをスタートさせました。名前は「オリーブバラエティ」。バラエティは英語で品種という意味ですが、トルコの様々なオリーブの原品種のオリーブを楽しんでもらうと同時に、ここを訪れる人達が直接オリーブに触れながらオリーブをもっと知り、好きになって欲しいと思い、そう名付けました。

土地の広さは約一万ヘクタール〈東京ドーム約二〇〇〇個分〉、その中にオリーブ畑と搾油所、レストランとホテル、農園があります。農園の名前はアクジザン〈Akkizhan〉。清潔、正直、信頼という意味のトルコ語「アクズ」〈akkız〉という言葉からつけました。農園にはトマトやカボチャ、ナス、アーティチョーク、ハーブなど様々な有機野菜を栽培する菜園、鶏や鴨、ガチョウなどの養鶏場、山羊に羊、乳牛、馬を飼育する牧場などがあります。ホテルの各部屋にはアイバリックやメメチック、ドマットなどトルコのオリーブの品種名をつけて、部屋のキーホルダーはオリーブの木で作りました。

オリーブの収穫時期には収穫体験ツアーも行っています。収穫したオリーブの実はこの施設の中心にある搾油所で搾油しています。自ら摘んだ実を搾油所に運び、それが目の前でオリーブオイルになるところを見るのは感動の瞬間です。収穫を体験した人にはオリーブの木にその人の名前をつけるサービスを提供しているのですが、とても喜ばれます。

オリーブの収穫時期、トルコはまだ暑いので、日中の高温を避けて気温が下がり始める夕方に収穫し、夜間に搾油します。オリーブの実は収穫したらすぐに搾油しなくてはいけません。品種によって実の大きさや熟成度が違うため三つの搾油機を使い分けています。搾油中に温度が必要以上に上昇すると香りや品質を損なうため、細かく温度調整を行います。

搾油の期間中は仮眠を取る程度で、ずっと寝ないで搾油所に張り付き一〇〇%自分で確認します。ほんの数分間目を離したばかりに一年間の苦労が無駄になるような失敗はしたくないですから。

僕達のレストランではトルコの食生活の伝統でもある朝食にも力を入れています。この地域の美味しい朝食レストランとして人気です。自家製オリーブやオリーブオイルはもちろん、自家菜園の朝採り有機野菜や果物、作り立てチーズ、自家製フルーツビネガーなどオリジナルの食材を使って提供しています。

トルコ人にとって朝食はとても重要です。僕自身も家族と一緒にとる朝食は大切な時間です。平日は忙しくて家族と過ごす時間が少なくなりがちですが、日曜の朝は必ず全員揃って、ゆっくり朝食をとります。

レストランは僕の妹が仕切り、レシピを考え、調理もしています。彼女は優秀な弁護士なのですが、昔から料理が得意でここの立ち上げから協力してくれています。料理や食材についてアイデアが溢れてくるそうです。今はアレルギーのある人に向けて、有機栽培の赤レンズ豆や緑レンズ豆、ヒヨコ豆などを練り込んだグルテンフリーパスタも作っています。ヘルシーなだけでなく、味や風味も抜群です。

毎日一〇〇人以上のお客さんが朝食に来ます。一度訪れたお客さんはほぼ皆さん、リピーターになってくれます。お客さんの中にはお土産にオリーブオイルやビネガー、チーズなどを購入してくれる人も多く、「ここのオリーブオイルを使い始めると、他のオリーブオイルは食べられない」と言ってくれます。

僕はビジネスを始める時、オンラインショップも同時にスタートさせました。トルコの流通は伝統的に問屋制度が主流なのですが、問屋のマージンが高いので、僕は自分のホテル以外の実店舗は持たずオンラインのみで販売しています。オンライン用の宣伝は撮影と動画の編集に長けたスタッフがいて、収穫や生産の様子をSNSに毎日アップしています。オンラインには国境がなく、世界中の人が瞬時に目にすることが出来るところも魅力です。

アグリツーリズムのメインダイニングとキッチンが入る建物。

オリーブオイルやフルーツビネガー、チーズ、パスタ、有機野菜、果物など様々な食材を販売していますが、一番の人気商品はオリーブオイル。トルコはEUに加盟していないため販売地域は国内が中心ですが、ドイツに倉庫を持ち、そこを拠点にアイルランド、オランダ、イギリス、フランス、スイスなどヨーロッパ各地へ販売しています。

六年前から搾り立て〈ノベッロ〉オリーブオイルの販売もトルコでは最初に始めました。試験的な販売でしたので一〇〇本限定にしたのですが、すぐに完売しました。この時、本数を管理するために一から一〇〇までナンバリングしたのですが、そのナンバリングが人気になってしまって（笑）。今年は五〇〇〇本限定にしましたが、それも一日で完売してしまいました。

僕達が作る食材は一般のお客さんだけでなくプロのシェフやレストランにも人気です。ただ、ほとんどの知り合いはオンラインショップではなく僕に直接注文してくるので、メールや電話の応対が大変（笑）。僕の携帯電話には、沢山のアドレスが入っています。

情熱

約一〇〇年前、僕の祖父はギリシャのクレタ島からこの地に移り住みました。父は日本の大手メーカーからがんや人工透析の治療用医療機器を輸入し、トルコの病院に販売する事業で成功しました。でも、僕は父の仕事があまり好きではありませんでした。

当時父が取引していた病院にはがん患者が多く、ビタミンEが多く含まれたサプリメントを治療中の栄養補助剤として提供していました。父は患者さんに、ビタミンEが多く含まれ抗酸化作用もあるオリーブオイルを家で飲んでくださいと言っていました。僕はそれをずっと聞いていたので、オリーブオイルが身体によいことを知っていました。そして子供ながらに、病気になる前に健康な身体を作ることが大切だと思い、将来は病気にかかった人に対する仕事ではなく、病気にならないために健康維持をサポートする仕事をしたいと思ったのです。

僕にとってこの仕事は情熱です。僕の家はオリーブの仕事に直接関わってはいませんでしたが、小さい時からオリーブ畑で遊んでいました。昔からオリーブの木が好きで、オリーブに関わる仕事がしたかったのです。ある意味、僕はオリーブの木の下で育ったようなものです。オリーブの木は父のような存在です。だからこそ、今こうしてオリーブの仕事をしていることはとても自然で幸せなことなのです。

大学では経済学を学びました。卒業後はまず、国際コンペティションで受賞するようなハイレベルのオリーブオイルの生産者に学ぶために様々な国に行きました。イタリアのトスカーナ、プーリア、シチリア、カラブリア、ギリシャ各地、フランスのプロバンスなどオリーブの名産地を巡り、各地の個性豊かなオリーブ栽培や搾油について勉強したのです。訪ねたのは有名な生産者達でしたが、快く僕を受け入れてくれました。どの生産者も自分の土地の原品種を大切にし、特長のはっきりした高品質のオリーブオイルを搾油していました。

各地を巡って学んだ中に重要なことが三つありました。クオリティの高いオリーブオイル作りのためには、栽培から搾油まで全てのプロセスが大切であること。原品種を大切にすること。作るだけではなく、オリーブオイルの素晴らしさを伝えることです。

イタリア滞在中には、クオリティの高いオリーブオイルを作るために必要なスキルである鑑定士の資格も取得しました。その後二八歳になる前に自ら事業をスタートさせました。

今の事業を始める時、父には反対されました。

僕は最初からオリーブ畑や搾油所、レストランとホテル、そして菜園まで全てを一つの敷地内に作ろうと思っていました。搾油所でオリーブオイル作る体験をしてもらい、レストランでオリーブオイルを提供し、オリーブの木に囲まれたホテルに宿泊してもらうというオリーブオイルのアグリツーリズムを考えていたのです。実際にオリーブに触れ、オリーブに囲まれた場所でオリーブオイルの美味しさを知ってもらうことで、多くの人にオリーブオイルを好きになってもらいたかったからです。

しかし父に相談したら現実的でないと言われました。当時のトルコでは工場がレストランやホテルの近くにあることはタブーと考えられていて、別の場所に作るのが常識だったからです。

それでも僕はヨーロッパで菜園から食卓までを一つの流れとして体験するアグリツーリズムの施設を訪ね、その素晴らしさを学び、トルコでは今は理解されていないとしても、今後求められるものだと確信していました。何より国外の世界を見て気づいたことは、世界中で称賛されているものの多くがトルコにあったことです。

トルコは紀元前からの歴史と広大な面積を持つ国です。トスカーナのような美しい自然も、ヨーロッパのオーガニックフードのような安心安全で美味しい食材も、ギリシャやイタリアのような紀元前から続くオリーブの歴史もあります。魅力的な企画を立てることによって、この地でしか体験出来ないアグリツーリズムを提供出来ると思いました。だから成功する自信があったのです。

ここでは有機栽培で野菜を育て、レストランで出たゴミやオリーブオイルの搾りかすは家畜の餌に混ぜ、鶏やガチョウ、アヒル、牛や羊、山羊などの家畜は化学肥料や農薬を使わない広い土地に放し飼いし、家畜の排泄物は有機肥料として畑に還元しています。全てが循環しています。今の言葉でいうとゼロウェイストになりますが、循環型とかゼロウェイストという考え方は決して新しくありません。トルコでは伝統的にそのように農作物を栽培し、家畜を飼ってきました。僕は昔から伝わる伝統的な方法と畜産を継承しているにすぎないのです。決して人任せにせず、全て自ら栽培し、管理しています。本当に身体によいものを自信を持って人に勧めたいからです。

僕達が口にするものは全て命です。どのように育ち、どのように自然に還元されているかを体感し、命の大切さ、感謝の気持ちを分かち合いたいと思っています。それが最も心の記憶として残ると思うからです。

今年で事業を始めて一二年になります。

最初の頃は何もかもがあまりにもスローに感じられて辛い思いをしました。許可一つ取得するのにも新しい試みは時間がかかります。結果としては、じっくりと時間をかけたおかげでよいものが出来たと思っています。

この場所は僕にとって自分の子供のようなものです。大変だったりもどかしかったりしたことも、子育てと同じように、振り返ってみると意外と早かったなと感じています。

もちろん僕一人でここまで来られたわけではありません。

この一二年間、多くの人に支えられ、助けられました。母は最初から僕を応援してくれましたし、最初は反対をしていた父も今は僕が目指していることを理解し、応援してくれています。大切なビジネスパートナーである妹にも支えられました。そして家族にも。オンラインショップのメンバーやレストランで働くチーム、畑で働く人達にも。彼らがいたから今があるのです。

この事業で得た収益から、六四の病院やクリニック、そして研究所のために、放射線治療、血液検査、ＣＴスキャン、透析などの機器を購入して無償提供しました。僕は父の仕事を引き継ぎませんでしたが、結果として、異なった形で父の仕事を継いだようになっています。

夢

今後、今以上にオリーブオイルの生産量を増やすつもりはありません。量を増やすとクオリティを落とすリスクがあるからです。今は昔に比べて経済的なゆとりがあるので、生産量を増やして事業規模を拡大することは可能です。けれどもそれは僕が描く未来ではありません。オリーブオイルは農作物です。量にこだわると、工業製品になってしまいます。ビネガーも作っていますが、ビネガーも発酵するマザーイーストの量が決まっているため、大量生産すると香りや風味が変わってしまいます。家族のために、スタッフのために、そして、僕達を支えてくれているお客さんのためにも手作りの良質なものを作り続けたいのです。情熱だからこそ、量ではなく、質にこだわりたいのです。

僕には夢があります。
それはここにオリーブオイルの新たな歴史を作ることです。

オリーブ発祥の地とされるトルコ西南部のアナトリアでは古代からオリーブ栽培が盛ん。

まずトルコの人達に自国産オリーブオイルの素晴らしさを知ってもらい、プライドを持って欲しいと思っています。残念ながら現在のトルコ産オリーブオイルは質より量というイメージかもしれません。実際、この国はオリーブオイルを大量生産しています。だからこそ僕はトルコの原品種でクオリティの高いオリーブオイルを作ることにこだわっています。

ここアナトリアは、紀元前三〇〇〇年以上前からオリーブオイルが作られていた歴史的に重要な地域です。歴史あるこの土地で、トルコ産オリーブの新たな歴史を築きたいのです。この国を訪れる人達にも素晴らしいオリーブオイルがあることを知ってもらいたいと思っています。

最近この地を訪れる人達は数々の博物館を見学することで、アナトリア地域がオリーブオイル発祥の地であることを知るようになりました。歴史的な重要性を理解し始めてくれています。今ではこの地を目指して人が訪れます。

トルコの人達の意識も変わってきた気がします。

今までは五ユーロと八ユーロのオリーブオイルがあったら、迷わず安い方が選ばれていました。しかし、トルコ産オリーブオイルのクオリティが高まり、国際コンペティションでイタリア産やスペイン産のオイルと並んで受賞するようになるにつれ、トルコの人達もオリーブオイルのクオリティについて考えてくれるようになってきました。高いオイルも一度試してみようか、と思う人も増えてきたのです。これはとても重要なことだと思っています。

今後はオリーブオイルの歴史を次世代に引き継ぐことが出来れば幸せです。

娘が三人いますが、僕自身、父の仕事を引き継ぎませんでしたから（笑）、娘達にもそれぞれ自分の好きな道を進んで欲しいと思っています。でももし三人のうち一人だけでもオリーブに関わる仕事を選んでくれたら凄く嬉しいですね。

娘達に誇りを感じてもらえるように、ここから生まれるオリーブオイルのクオリティは大切にしていきたいと思っています。

Bologna

第4章

イタリア ボローニャ

Italy

capitolo 4

la
Piante

ローマ時代クラテルナと呼
ばれた広大なオリーブ畑。

揃いのユニフォームで丁寧に手摘みで収穫。水捌けのよい南斜面の畑からは、最もクオリティの高いオリーブが収穫される。

クラテルナの地でオリーブを収穫。左上)櫛形の工具で木を揺らしながら、全て手摘みする。右上)この地を代表する原品種ブリジゲッラはオリーブ界の我儘女王とされるほど栽培が難しい。

植樹したばかりの木の根元には灌漑用のパイプが配置されている。

オリーブの苗木が整然と等間隔に栽培されている。

搾油所の建設中に発掘されたローマ時代のモザイク。

li ulivi dei colli bolognesi

紀元前エトルリア人によって築かれ、ローマ帝国の植民地とされて繁栄し、
2021年世界遺産に登録されたイタリア北部の街ボローニャ。
ローマ時代にはクラテルナと呼ばれていた。
この周辺には肥沃な丘陵地帯が広がり、ローマ時代から
オリーブとブドウが栽培され、当時の家庭用搾油機が出土している。
クラテルナの地に希少なオリーブの原品種ブリジゲッラを栽培する農園がある。
農園のオーナー、カルロ・ゲラルディは、銀行の信用情報システムを始めとする
デジタルソリューション〈IT〉を専門とし、
世界四大陸に拠点を持つグローバル企業を立ち上げ成功した。
代々続く生産者が多い中、たった数年で
世界中のゴールドを獲得するオリーブオイルを生み出した裏には、
故郷への愛着と使命感に加え、最新技術と分析、情報収集への投資がある。

G

Carlo Gherardi

パラッツォ・ディ・バリニャーナ（Palazzo di Varignana）創業者・オーナー

カルロ・ゲラルディ

パラッツォ・ディ・バリニャーナ

――パラッツォ・ディ・バリニャーナ（以下バリニャーナ）を始めた理由

私は金融情報管理システムを専門とするグローバル企業を経営しています。業界が異なるのになぜオリーブオイルを作っているのかとよく聞かれます。

ビジネスで成功したら、生まれ育った地に何らかの形で還元したいと考えていました。漠然とですが、いつかはオリーブオイル作りをやってみたいと思っていたのです。ビジネスが忙しくなるにつれて、オリーブオイルのことは忘れていましたが、偶然この地域の原品種ブリジゲッラが絶滅しかかっているという話を聞き、夢を思い出したのです。今から二〇年ぐらい前の話です。荒れ果てた農地を開墾することから始めて、七年前に農園をスタートしました。

――オリーブオイルとの出合い

ボローニャ近郊の丘陵地帯はローマ時代からオリーブ作りが盛んな地でした。私が子供の頃には美味しいオリーブオイルが作られていました。私はこの近郊出身の母の影響で、子供の頃から地元産の良質なオリーブオイルを思う存分食べていました。あまりにオリーブオイルをたっぷりかけて食べるので、父からはかけすぎだとたしなめられたりしましたが、母はたっぷり使いなさいと言ってくれていました。オリーブオイルに対する母の想いが子供の私にも伝わっていました。子供の頃からオリーブオイルが好きだったのです。

――ブリジゲッラ

仕事で世界を回る中、世界中の美味しいと言われるオリーブオイルを食する機会がありましたが、どこで食べても子供の頃に食べたオイルほど美味しくはない気がしたのです。それもそのはずで、子供の頃に食べていたオイルはこの地域の絶滅しかかっている原品種ブリジゲッラを搾油したものだったからです。私が子供の頃はこの地域でオリーブオイルが作られていましたが、成人する頃にはオリーブの生産者が減少し、村全体も寂れてしまいました。昔食べたブリジゲッラのオリーブオイルは探しても簡単に手に入らないとわかった時、この原品種を復活させたいと思ったのです。

バリニャーナは子供の頃に食べていたあの美味しいオリーブオイルを私自身がもう一度食べたかったから始めたようなものです（笑）。

――オリーブオイルとの関わり方

休日は必ずここに来てオリーブ畑を見て回ります。

私自身が直接オリーブの栽培や搾油をしているわけではありませんが、オリーブの木々を観察し、搾油の様子を見に行くと癒されるのです。オリーブ畑や菜園にいるだけで、平日、デジタル機器を長時間使い続けた身体の疲れが消えていく気がします。

私の食生活はオリーブオイルと共にあります。

朝はマイルドなオイルを食べ、昼から夜にかけて辛みと苦みがしっかりあるオイルに移行します。朝食前にブリジゲッラのオイルを小さじ一杯、抗酸化作用のあるオリーブの葉を煎じたお茶や代謝を促すクコと免疫力を高めるザクロを使った生ジュースに入れて飲みます。夜は魚や肉をシンプルにソテーして、オリーブオイルをたっぷりかけて。野菜や果実は全て、自社農園で収穫したものです。

――今後

プロジェクトをスタートする頃、一七一七年築の館、パラッツォ・バルジェリーニ・ベンティボリオ〈Palazzo Bargellini Bentivoglio〉が売りに出されていました。スタートの記念に購入し、この中世の館を修復してホテルとレストランを作ることにしました。オリーブ畑の近くには搾油所を建設予定でしたが、作業中にローマ時代のモザイクが出土したのです。この地域はローマ時代クラテルナと呼ばれ、ローマ軍が北進する際の重要拠点として栄えた宿場町でした。

ローマ時代からオリーブオイルは食事に欠かせないものでしたが、オリーブオイルに消炎作用があることも知られていたため、傷を癒したり害虫から肌を守ったりするために身体に塗るなど食用以外でも幅広く使われていました。そういった理由もあり、当時から兵士らのためにこの地域一帯でオリーブが栽培され、北へ進軍するローマ軍にオリーブオイルを提供していたのです。

私はこの地にオリーブ畑を中心としたホテルとレストランなどからなる複合リゾート施設を作ろうと思ったわけですが、二五〇〇年以上も前にこの地でローマ人は既に同じことをしていたのです。

私は新しいことに取りかかる際には過去を勉強しなければならない、過去を勉強しない人には未来は築けないと思っています。まさにそれを裏付けるかのような出来事でした。オリーブオイルのボトルのラベルは出土したモザイクをモチーフにしてデザインしました。

デジタルソリューションの仕事を引退したら農園の仕事に専念して、原品種を使ったクオリティの高いオリーブオイル作りをしたいと思っています。もう少し先になりそうですけどね（笑）。

著者から見たバリニャーナ——バリニャーナとの出会い

私とバリニャーナのオリーブオイルとの出会いは偶然でした。

七、八年ほど前、とあるセミナー会場で、これまで見かけたことのない綺麗なラベルのオリーブオイルが並べられていました。早速テイスティングをさせてもらうと、驚くほどクオリティの高いオイルでした。

新鮮なグリーンピーマンやセロリをかじったような青野菜の香りがパッと弾け、生の青唐辛子を噛んだようなピリッと持続する辛さが口の中に広がります。澱みのない辛さに伴い、バランスのよいエレガントな苦みも感じます。採れ立ての青野菜の折り重なるような複雑な香りと強い辛みや苦み。奥深いストラクチャー〈構造〉の特徴から、ブリジゲッラだと直感しました。

「この品種はブリジゲッラですか？」

ブースにいた搾油担当者に確認したら、彼の方が驚いていました。ブリジゲッラは市場であまり見かけない品種で、この品種を使ったオリーブオイルの特徴についてもほとんど知られていないからです。

私は鑑定士の道を歩み始めた頃、ボローニャ大学の教授が率いるパネルグループに所属していました。同じグループで官能評価を学ぶ人の中に、ボローニャ近郊に搾油所を持ち、ブリジゲッラを搾油しているニコラという搾油技術士がいたので、この原品種についてよく知っていたのです。ニコラは、

「ブリジゲッラは栽培が難しいのでほとんど栽培されていないけれど、とてもポテンシャルの高いオリーブオイルになる品種なんだ。オリーブオイル界のダイヤモンドとも言える」

とよく語っていました。実際、ニコラがブリジゲッラから搾油したオイルは多くのコンペティションで受賞していましたが、一〇年以上前に彼が亡くなって以来、長らくブリジゲッラのオイルと出合うことはありませんでした。そのブリジゲッラのオイルに久しぶりに出合ったので驚いたのです。

これがきっかけでバリニャーナのオリーブ畑を見に行くことになりました。まだバリニャーナがコンペティションで受賞する前のことです。その後、バリニャーナは世界の主要なコンペティションで多くの賞を獲得しています。


イタリア北部の街ボローニャの東部には、なだらかな丘陵地帯が広がっています。バリニャーナはボローニャから車で三〇分の丘の上にあります。

ボローニャは、フェラーリやランボルギーニ、ドゥカーティ、F1が開催されるイモラのレー

ス場など、モーター産業が有名な地域です。農業のイメージはあまりなく、敢えて挙げるなら、桃やチェリーの産地です。

その土地にオーナーは莫大な資金を投じ、最新設備を備えたオリーブ畑を作りました。彼が所有する土地は五〇〇ヘクタール以上に及びます。その約半分に当たる二四〇ヘクタール〈東京ドーム約四八個分〉ほどのオリーブ畑で、この地域固有の原品種が二〇万本育てられています。他に五七ヘクタールのブドウ畑、三〇〇〇平方メートルの菜園、広大な果樹園もあります。オリーブ畑の横にはホテル、レストラン、スパが併設され、複合リゾート施設となっています。レストランのメニューは、この農園で搾油したオリーブオイルとのペアリングをベースに作られています。

バリニャーナのオリーブオイルで特筆すべきことは、単一品種のオリーブオイルのクオリティの高さだけでなく、ブレンドオイルのクオリティも高いことです。

オリーブオイルには、一品種のみを搾油する単一品種と、複数の品種を混ぜるブレンドオイルがあります。

単一品種のオイルは、一品種のみから作られるため、その品種の特徴が最大限に表現されます。品種ごと、畑ごとに最適な熟成度で収穫するため、クオリティの高いオイルが多く生まれる傾向があります。品種の特徴を楽しむなら単一品種が最適でしょう。ただ、単一品種のオイルを作るには手間がかかります。一つの畑に交配種を含めて複数の品種のオリーブの木があるため、一品種だけを選んで収穫しなくてはならないからです。

一方、一般的なブレンドオイルは、畑ごとにまとめて収穫して搾油します。畑には複数の品種が植えられ、品種によって熟成度にバラつきがあるため、クオリティの劣化は避けられませんが、コストは抑えられます。単一品種より安い価格で販売されることが多い理由です。

ただし、ブレンドオイルには単一品種同士をブレンドする方法があります。

バリニャーナでは、品種ごとに熟成度を見極めて収穫し、クオリティの高い単一品種のオイルを作り、出来上がったオイルをブレンドしています。例えば、グリーンピーマンや刈り取ったばかりの青草の香りのブリジゲッラに、苦みの強いコレッジョーロを足すことで、より複雑な香りと深みを持つオイルになります。コストはかかりますが、個性に個性をかけてストラクチャーをプラスしているので滅多に出合えない贅沢なブレンドオイルが生まれます。単一品種として既にクオリティが高い上に、別の単一品種が持つ特徴を加えてクオリティを極める贅沢なチャレンジです。

ブレンドオイルは、バリニャーナのように単一品種と単一品種をブレンドする方法が本来の考え方ですが、コストがかかりすぎるためこのようなブレンドオイルを作る生産者は非常に少数です。

このようなクオリティの高いブレンドオイルを作るには、個々の単一品種のオイルの特徴を理解した上でブレンドする必要があり、品種の個性を把握する優秀なブレンダーも必要です。そのため、バリニャーナにも優秀なブレンドダーがいます。

もう一つ注目すべきことは、彼らが育てる品種がボローニャ近郊の原品種であることです。特にブリジゲッラは水が多すぎても、少なすぎても、暑すぎても、湿度が高くてもダメ。一度実をつけたからといって、次回も同じ方法で栽培しても必ず実をつけるわけではありません。とても気まぐれで我儘な女王のような品種です。他の品種と比べても育てるのが難しく、生産者がいなくなり絶滅しかかっていました。彼らが育てた原品種もボローニャ大学や地域の修道院が細々と守ってきた苗木を引き継いで育てたものです。

一度失われかけた原品種を再生させるのは、通常の品種を育てるよりノウハウも少なく難しいことです。バリニャーナはこの難しい品種を育てるために、イタリアでも最高峰と評される農学士や鑑定士、大学教授など、この業界にいれば誰もが知っているような専門家のチームを編成し、土地の土壌や気象条件、日射量、気温、寒暖差、水捌けなどを徹底的に分析しました。栽培が難しいとされるブリジゲッラを肥沃で日射量の多い斜面に、多様性のあるコレッジョーロはその次に。土壌の条件や環境によって優先順位を付けて各原品種を植樹し、灌漑設備も全ての木の根元に通しました。荒れ果てていた土地をゼロから再生して苗木を育てるところから始めたのです。

新たにオリーブ作りに参入する時は多くの場合、何らかの都合でオリーブ栽培を続けられなくなった畑を引き継いで始めます。その方が植樹するコストを抑えられ、収穫するまでの期間も短く、すぐに収入を得ることが出来るからです。バリニャーナのようにゼロから始めるケースはイタリアでも非常に珍しいことです。それにもかかわらず、オーナーは自分が生まれ育った土地とその原品種にこだわり、難しい条件を乗り越え成功しました。

オリーブオイル作りというと、熟練の勘と経験で作っているようなイメージがあるかもしれません。しかし、実際には科学的な知識とデータをベースに研究を重ねていかなければよいものが出来ません。今やオリーブ作りに科学は不可欠です。クオリティの高いオリーブオイルを作っている生産者のバックには優秀な農学士や鑑定士がついています。それでも、新規参入の生産者は、初年度はオイルを搾るだけで精一杯のことが多く、それをベースに改良していくのが通例です。いきなりゴールドを受賞することは考えられません。

バリニャーナが成功した理由は、最初からクオリティを追求し、植樹前から優秀な専門家を雇い、畑や最新設備への惜しみない投資を行ったからですが、それだけではありません。生まれ育った土地への愛着と使命感。自分が育てなければ失われてしまう。守らなければならない。そういう強い意志もあったと思います。

ノブレスオブリージュという言葉があります。ヨーロッパでは成功した人や家庭に恵まれて育った人達の多くが、生まれ故郷やそこに住む人達に貢献し、富を還元することを務めと意識するように育ちます。まさに彼もその一人でしょう。子供の時に好きだったオリーブオイルが失われないように守り、復活させているのです。だからこそ、最初に出来たオリーブの実を見た時にはまさに宝石のようだと思ったと言っていました。

実は、搾油初年度にバリニャーナが世界のコンペティションで軒並み受賞したのは、失われつつある稀少な原品種から作られたオリーブオイルであったことが大きく関わっています。

コンペティションで最終審査に残るオイルは、どれもほぼ完璧で、正直どのオイルが受賞してもおかしくないレベルです。その中で順位を決めなければならないわけですが、ハイレベルのオイルが揃う場合、審査員の好みや親しんでいるオイルなど、主観的な評価も多少影響します。官能評価で必ず八名以上の審査値の平均値を取るのはこのためです。最後はオリーブの個性がどれだけ引き出されているか、複雑にいくつも折り重なる香りや味わいの深さというストラクチャーが決め手になります。ブリジゲッラという原品種が持つ特異性が稀有な魅力として評価されたのでしょう。

著者から見たバリニャーナ

バリニャーナで働く人々

バリニャーナの生産部門の責任者キアラ・デル・ベッキオは、オリーブオイルプロジェクトがスタートする二〇一五年に、マーケティング部門の責任者エレオノーラ・ベラルディは二〇一九年に入社しました。二人ともオーナーが経営する銀行の信用情報システム会社の社員でしたが、オリーブオイル・プロジェクトの立ち上げと同時に異動したのです。

エレオノーラは前職でもマーケティング担当で、キアラは人事部の責任者でした。

南イタリアのオリーブオイル生産者を親戚に持つキアラは、子供の頃からオリーブと共に育ち、オリーブオイルが好きだったので、この異動は嬉しかったそうです。

現在彼女達は、バリニャーナで栽培、生産する農作物の商品企画、ボトルやパッケージのデザイン、グラフィック、マーケティング資料の作成やフェアへの出展など、企画からプロモーションまで一括して担当しています。

オリーブオイルの生産というと熟練の男性の仕事というイメージが強いかもしれません。しかし最近は生産現場や研究所、マーケティング部門で働く女性は多く、若い人達の参入も増えています。オリーブオイルは男性だけではなく老若男女全ての人に愛されるものですから、この流れは必然かもしれません。

バリニャーナで働く女性達に、オリーブオイルに関わるようになって何か変化があったのか尋ねました。

以前は三リットル缶やチューブインパック〈オリーブオイルの真空パック〉の割安オリーブオイルを使っていたのが、今は毎回小さなサイズのボトルを高くても買うようになり、クオリティの高いオリーブオイルのフレッシュな香りを楽しむようになった。

行く先々で優れたオリーブオイルに出合ったら買って帰るようになり、その土地の品種の香りや風味の違いを楽しんでいる。

以前はバターたっぷりのクロワッサンを食べて美味しいと思っていたけれど、今はオリーブオイルを使ったクロワッサンしか食べなくなった。その方がヘルシーだし安心して食べられるから。

皆、何らかの意識、行動の変化があったそうです。

前職がモーター部品関連の仕事だった若い女性は、オリーブオイルが作られる工程を知ったことで食生活に対する意識が大きく変わったと答えました。クオリティの高いオリーブオイルがどのように作られるのか、他の油とどのような違いがあるのか、またその他の食材に対する関心や知識が増えて食への意識が深まったそうです。

オリーブオイル作りというと特別な感じがしますが、実を収穫して潰し、搾油するという基本的な工程は古代から変わっていません。フルーツや野菜をジューサーにかけてジュースにするように、原材料のオリーブの実を大型のジューサーのような搾油機で搾りオイルにするだけです。とてもシンプルです。添加も加工もしません。ワインのように人の手によって発酵させることもありません。自然で健康なオリーブの実を搾るだけです。誤魔化しは一切ありません。そのため、美味しいオリーブオイルを作るには、まず健康なオリーブの実が必要です。オリーブの実が持つ以上のクオリティは得られないからです。

生産者は美味しいオリーブの実を作ることに全力を注ぎます。一年中畑を見回り、土を耕し、枝を剪定し、虫対策をします。健康に育った実をベストの熟成度で収穫し、オリーブが持つ香りや辛み、苦み、栄養価を失わないよう細心の注意を払いながら搾油します。オリーブオイルは作るものではありません。いかに自然の恵みを残すか。失われる部分を最小限に抑えるかが大切なのです。

オリーブの実を作るところから搾油まで一連の工程が全て上手くいって、初めてクオリティの高い完璧なオリーブオイルになります。収穫中に雨が降るなどの不可抗力な事態があると、オイルのクオリティに影響します。自然の恵みに恵まれ、生産者の努力が実り、全ての工程が完璧に進んで初めて手にすることが出来るオリーブオイルは、彼女達のように食生活に対する意識も自然に変わってしまうのです。

樹齢1000年のブリジゲッラ種のオリーブの木の下で。バリニャーナのキーパーソンは全て女性。

私自身、オリーブオイルの仕事を始めて、香りに対してとても敏感になりました。これまであまり意識しなかった繊細な食材や薬味の味を鋭く感じるようになりました。敏感になったのは食生活だけではありません。異なる地に着いた時や普段と違う街を歩く際に感じる独特なその地の匂い。目に見えぬほど小さく隠れるように密かに咲く花。雨に濡れた街路樹。今まで気にもしなかった世界に気づかせてくれるのもオリーブオイルの魅力の一つです。

最後に彼女達に、オリーブオイルについてどう思っているか尋ねました。すると誰もが口々に、

「オリーブオイルの仕事は好きじゃないと出来ない。オリーブオイルに関わる人でオリーブが好きでない人はいない」

と言っていました。

ＩＴの仕事からこの仕事に移ったキアラとエレオノーラは、農園の仕事は生活と仕事のバランスが取れていると言っています。自然相手の仕事はハードです。特に収穫時期は昼夜問わず仕事が続きます。生産部門の責任者であるキアラは、収穫時期は夜もずっと会社にいるそうですが、オリーブオイルが好きでこの仕事をしているから、長時間家に帰れなくても、新オイルの香りが疲れを癒し、心まで喜びに満ちるとも言っていました。

著者から見たバリニャーナ──農園で

薬品を使わずに有機栽培のバリニャーナのオリーブ畑は、植樹してまだ年数が浅いため木は低いのですが、丁寧に剪定され、木の周りの草が綺麗に刈られ、整然とした中に若いオリーブの木のエネルギーが満ち溢れています。

バリニャーナのオリーブ畑は南向き斜面が中心です。かなり勾配のある斜面ですが、水捌けがよく、しっかり太陽の光を浴びて木が元気に育ちます。オリーブ畑の斜面はすり鉢状になっていて、中心に雨水を貯める貯水池まで作られています。貯水した水は乾季に農園の木々に撒きます。これまで多くの国のオリーブ畑を見て回りましたが、若い苗木の全てに水と栄養を与えるための細いパイプが配管されているのは見たことがありません。

最近、一つの畑で栽培するオリーブの木全てに巨大な網をかけていました。防虫用の網なのですが、オリーブ畑では初めて見ました。光を通して虫は通さないのです。クオリティを上げるための試験的な試みだと言っていました。これも薬剤を一切使わないための対策の一つです。細やかなケアと絶え間ない研究、そしてクオリティに対して一切妥協することなく莫大な投資をする姿勢に感嘆しました。

通常、バリニャーナほどの広大な農園を所有している場合、一部の畑でクオリティの高いオリーブオイルを、他の畑ではある程度のクオリティで量が多く採れるオリーブオイルを作ります。バリニャーナのように全ての畑でクオリティを追求するとコストがかかりすぎるからです。クオリティの高いオリーブオイルを作るためには、畑がどの方角を向いているのか、平地か斜面かなど、畑ごとの気候や環境条件を考慮し、常に畑を見回り、問題があればすぐに対処しなければいけません。それを広大な畑全てで行うのは大変な労力とコストがかかります。しかしバリニャーナでは、広大なオリーブ畑の各畑に名前をつけ、畑ごとに栽培している品種について、気象、生育状況、害虫のデータを蓄積して分析し、全ての畑で完璧な手入れを行っています。デジタルソリューションで功績を上げた実業家らしい手腕です。

そんなバリニャーナの畑では、早朝から深夜まで、様々な鳥や動物、そして益虫にも出合います。早朝には鳥の囀《さえず》りが響き渡り、ウサギが畑の間を飛び跳ね、夕闇と共に蛍の光に導かれ、リスなどの小動物が目の前を横切ります。早朝に収穫が始まると、澄んだ空気の中、山に囲まれた急斜面に太陽の光が当たり、見事に育ったオリーブの実が輝いて見えます。

オーナーはオリーブの木を見るだけで癒されると言っていましたが、実際にバリニャーナの農園風景を眺めているとオリーブの木には誰をも癒してくれる力があると感じます。そしてオリーブオイルは、時代を超えて人々に健康と豊穣の味わいをもたらし、多様な文化に取り入れられてきました。芳醇な香りと多面的な用途によって料理の枠を超え、健康分野においても広く活用されています。

オリーブの木々が静謐なる癒しを人々に与えるように、オリーブオイルもまた、私達の心身を優しく潤し、日々の営みを豊かに彩る存在として輝いています。

その魅力に心惹かれるからこそ、オーナーをはじめ、多くの作り手達は幾千年もオリーブを育て続け、惜しみなく愛情を捧げ続けてきたのだと思います。

夜が開ける前からボローニャの丘のオリーブ畑で収穫に取りかかる人達。

capitolo 5

Postfazione dell'intervista

第5章
オリーブオイルと作り手たち

あとがきにかえて

私はオリーブオイルの鑑定士です。

主な仕事はオリーブオイルの官能評価ですが、それ以外にもコンペティションの審査、セミナーを含めたオリーブオイルに関する知識の啓発、生産者へのアドバイスを行っています。今回紹介した作り手達とはこの仕事を通じて出会いました。


シチリアの彼らとの出会いは日本でした。

ピーノの息子ピエトロとピッポの息子サルボが、在日イタリア商工会議所が主催するオリーブオイルのビジネスマッチングに参加するため来日した時のことです。デパートなど販売店を視察し、輸入社との商談を目的としていましたが、商談のアポイントが取れず困っていました。

他の参加者達は国際ビジネスの経験が豊富で説明資料を揃えていましたが、ピエトロとサルボはサンプルオイルのみ持参していました。当時ピエトロは二七歳、サルボは二六歳。彼らは商談の経験が浅く未熟でした。サンプルオイルさえ誰にも渡せない状況で悲嘆に暮れた彼らから、突然私に連絡があったのです。

「日本まで来たのにサンプルオイルを誰にも渡せず困っています。僕達のオリーブオイルをあなたにテイスティングしてもらいたいのですが、会うことは出来ますか？」

私は彼らに会いに行き、サンプルのオリーブオイルをテイスティングさせてもらいました。すると、驚くほどクオリティの高いオリーブオイルでした。弾けるような瑞々しいグリーントマトの香り。辛みと一緒にルコラやセロリ、グリーンアーモンドの香りが続き、鼻腔を通じて口中にセージやローズマリーなどハーブの香りとエレガントな苦みも感じます。シャープなのに複雑で幾重にも折り重なる奥深い香り。長く続く辛みとバランスのよい苦みがあります。

「素晴らしいオリーブオイルですね。コンペティションで受賞しているでしょう」

と尋ねたら、やはり多くの賞を受けていて、その受賞歴は素晴らしいものでした。しかしこのままだと折角日本まで運んだサンプルを持ち帰らないといけなくなります。最適だと思う人に渡してくださいませんか、と彼らから頼まれました。私としても、この素晴らしいオリーブオイルが誰にもテイスティングされないのは忍びないと思い、サンプルを預かり、複数のインポーターの方に試してくださいと紹介しました。

私はインポーターの方々にサンプルを紹介しただけでしたが、後日ピエトロから、輸入会社がシチリアまで訪ねてきてとてもよいパートナーシップを築けたと聞きました。私自身もこれがきっかけで、アグレスティィスを訪ねるようになったのです。


最初にアグレスティィスを訪ねた時のことはよく覚えています。

ピーノは自慢の畑をすぐにでも見せたくて仕方なかったらしく（笑）、着いた途端、休む間もなく畑に連れて行ってくれました。畑を回るにはこれが一番と、作業用の使いこんだジープをガタガタと運転しながら、この木はいつ植えたとか、ここは井戸水が出る所で道具を洗うとか、この石垣はオリーブの木を守っているとか、ひとつひとつ丁寧に説明してくれたのです。

畑を見学した後はブッケリの中心の広場にあるピーノ行きつけのバールに行きました。バールではピッポ〈当時はまだ存命でした〉が待っていて、「僕は消防士です」と自己紹介されました。どういうこと？　と思いましたが、消防士は副業であること、そして彼らがビジネスパートナーとしてオリーブオイルを作っていることがわかりました。栽培と搾油の様子や説明を聞くうちに、二人のオリーブオイル作りに対する努力や熱意が伝わって来ました。

ピーノ達が暮らすブッケリは、オリーブの木に覆われたイブレア山地群の中、標高八二〇メートルに位置する小さな村です。歴史遺産や景観を有する「イタリアの最も美しい村」にも認定されています。

イブレア山は山全体がオリーブの木で覆われています。日本では山に生息する木というと、ヒノキや杉をイメージするかもしれませんが、地中海沿岸地域ではオリーブです。しかも紀元前に植樹されたものが今では原生林となっています。シチリアは歴史的に様々な支配者によって統治されてきた土地ですが、この樹齢三〇〇〇年を超える木々を見ると、各時代の侵略者達に振り回されず、ずっとオリーブの木を育て続け、オリーブオイルを作り続けてきたことが、誰に語られずとも伝わってきます。

ピーノの所を訪れるといつも九三歳のピーノのマンマ、お姉さん、ピーノの妻のローザなど家族全員が集まってくれて、家の庭にある大きなオリーブの木の下でランチをします。シチリアらしい家族総出のおもてなしです。ランチはオリーブの実を収穫する仲間達も一緒です。立場上ピーノは皆の雇い主ですが、そんな素振りは全くありません。ピーノにとって、一緒に収穫し搾油する仲間は皆、ファミリーなのです。客人である私もファミリーの一員のように温かく受け入れてくれます。毎年、オリーブの収穫の頃には、「今年もそろそろだよ。おいで！」と声をかけられます。収穫は作り手にとって、最大の喜びの時。一年間の努力の結晶と喜びを一緒に味わう大切な時なのです。まさにシチリアらしい温かさがピーノ家の魅力です。

ギリシャのクレタ島ACR研究所所長のエレフテリアとは一五年以上前、ニューヨーク国際オリーブオイル・コンペティションで出会いました。エレフテリアは第一回目から、私は第二回目から審査員として参加しています。

今は女性審査員も増えましたが、当時は少なく、お互いの存在を心強く感じていました。審査中は審査の席が離れていたこともあってあまり話す機会がありませんでしたが、審査の終了後、多くの審査員が夜遅くまでニューヨークの街に繰り出す中、私とエレフテリアはホテルに残っていたため自然と話すようになりました。因みに出会った時、彼女はギリシャ語以外話せず、会話はほぼジェスチャーと片言の英語でしたが、その後個人講師について英語の特訓を受け、翌年のコンペティションでは英語が話せるようになっていました。とても努力家なのです。

人気の観光地であるクレタ島には、バカンスになると世界中から多くの人が訪れます。エーゲ海に点在する多くの島は観光が中心で、観光シーズン中だけ増加する人口に合わせて食材など全てを他から運び込んでいますが、クレタ島ではそういったことはありません。クレタ島には島民の自然で豊かな暮らしが息づいています。

エーゲ文明発祥の地とされるクレタ島にはギリシャ神話に登場するミノタウロスで有名なクノッソス宮殿など多くの遺跡があります。紀元前二〇〇〇年頃には青銅器文明として、またギリシャ文明の先駆けとして知られる古代クレタ文明が発展していました。この島は建築や工業など技術力が備わり、交易も盛んで、中近東とヨーロッパをつなぐ重要な商港が六つもあります。

海岸エリアにはホテルが立ち並び、多くの観光客が訪れますが、海沿いから内陸部へ、そして山間に至るまでオリーブの森が広がっています。島のそこかしこにある樹齢一〇〇〇年以上と言われるオリーブの木を見ると、この島では紀元前からオリーブが人と共にあったことを実感させられます。

トルコのメメットとは四年ほど前、トルコで開催されたアナトリア国際オリーブオイル・コンペティションで出会いました。オリーブオイル鑑定士の資格を持っているメメットも審査員として参加していて、私はメメットと同じグループのパネルリーダーを務めていたのです。

トルコの原品種のオリーブオイルの特徴は鑑定士の間でもあまり知られていません。青い未熟なフルーツやトロピカルフルーツの香りがするため、優れた審査員でも特徴を熟知していないと酸化していると間違いやすく、ディフェクトとなったりクオリティが低いと評価されたりしてしまうことが多々あります。実際、コンペティションにトルコのオリーブオイルの特徴に慣れていない審査員がいて、

「このオイルはディフェクト。酸化臭がする」

と最初の香りだけで切り捨てようとしたのです。私はトルコの原品種のテイスティングを経験していたので、

「ちょっと待って。口中でも酸化臭を感じましたか？」

と尋ねました。

オリーブオイルのディフェクトは、鼻で酸化臭がするのであれば口中でも酸化臭を確認出来ないといけません。鼻では感じるけど口中では感じない場合は、ディフェクトに近いボーダーラインであったり、理解されにくい特徴を持っていたりする可能性があります。トルコの原品種の特徴を説明して、

「よく温めてからもう一度テイスティングしてくださいませんか」

と再度確認するように促しました。そんなやりとりを同じテーブルにいたメメットが聞いていたこともあり、その後意気投合し、親しく話すようになりました。

余談ですが、審査員達が宿泊するホテルの朝食用にメメットは彼が搾油するオイルを差し入れてくれていました。ホテルには他のオリーブオイルもあったのですが、先に述べた鑑定士も含めて皆、「メメットのオイルはどこ？」と取り合いになっていました（笑）。

メメットは、自身の農園とレストランで廃棄物を可能な限り出さないゼロウェイストに取り組み、一〇〇％循環型経営を目指しています。彼のレストランで提供する料理は、食材から全て自

分達で作っています。レストランで出た食材のゴミは、家畜の餌にしたり、コンポストで堆肥化し菜園へと循環させたりしています。電力も自家発電です。ゼロウェイストの取り組みは口で言うのは易しいですが、実際に行っている人は世界でもまだ多くありません。それだけ難しいからです。

彼にこの取り組みに挑戦した理由について聞いたことがありますが、

「子供達や次世代のことを考えると環境について真剣に考えざるを得ない。何より地球環境によいことをすることでオリーブの木は健康になり、野菜やフルーツも元気に育つから」

と言っていました。

最後に紹介したバリニャーナですが、私がバリニャーナのオーナーに話を聞いたのは、農園を訪れるようになってかなり経ってからです。

「オリーブを作っているのは私ではなく働いている若い人達です。彼らの話を聞いてあげてください」

と普段は表に出ることを嫌う人だからです。今回の取材ではオーナーとオリーブ畑の管理者、マーケティングや生産に携わる人達と話して、新たに試みている栽培方法や最新技術についても聞かせてもらいました。

この本で紹介した人達は全員、エキストラバージン・オリーブオイルの作り手であると同時に、世界の最重要オリーブオイル・コンペティションで最高ランクを多々受賞しています。

オリーブオイルはＩＯＣの規格によっていくつかのグレード〈品質に応じた分類〉に分かれています。エキストラバージン・オリーブオイルはその中で最も厳しい基準を満たした最高品質のオイルです。エキストラバージン・オリーブオイルを作るためには、本文でも紹介してきたようにオリーブの実、収穫、搾油、保管、輸送など、全ての過程が完璧でなければいけません。

彼らは生まれも育ちも、国も、作っている品種も、オリーブオイルへのアプローチも違いますが、皆、最高のエキストラバージン・オリーブオイルを作るために情熱を注いでいます。彼らのような存在がクオリティの高いエキストラバージン・オリーブオイルを支え、継承し、私達に届けてくれているのです。

最初に紹介したシチリアのピーノは、昔ながらの伝統栽培という方法でオリーブを育てています。

伝統栽培の特徴は、一ヘクタール当たり二〇〇本未満と作付けの密度が低く、一ヘクタール当たりの生産性は低いのですが、木が大きく育つため一本当たりの生産性は高くなります。イタリアの丘陵地に多く見られ、歴史のある地域ではピーノのように樹齢何百年、何千年ものオリーブの木を引き継ぎながら栽培しています。

ただ、ここ三〇年ほどで世界のオリーブ栽培の主流は効率性やコスト面から集中型栽培やさらに密集した超集中型栽培と言われる方法になりました。集中型栽培では伝統栽培の四倍のオリーブの木の栽培が可能です。

ただし、集中栽培や超集中栽培は長年続けると木や土地への負荷が大きく、生産量が減少するリスクがあることが指摘されています。特に昨今は、温暖化の影響により集中栽培や超集中型栽培の地域は大きなダメージを受け、生産量が大幅に減少しています。様々な要因が考えられていますが、その一つに、密集させた栽培方法の影響が指摘されています。

伝統的栽培では、一本一本の木の間隔が広く、根も広く張ります。何よりもその地で何百年、もしくは千年を超えて生き抜いてきた生命力の強さが木にも土にもあるため、頑丈で気候変動の影響も比較的受けにくく安定して実をつけるのです。一方、集中栽培や超集中型栽培では木の根どうしが近くなり、充分に根が広がらず、結果的に木が早く弱ります。

また環境に対する懸念もあります。

伝統的栽培では基本的に自然の雨水だけで育てますが、超集中型栽培は大量の水を必要とするため雨水だけでは足りません。このため地下水などを利用した灌漑設備などが作られます。通常、地下水を汲み上げて設備しますので、気候変動による降水量の減少によって水不足の懸念があります。また灌漑水中の塩分が原因で土壌が硬くなり、農作物の生育を阻害を引き起こす可能性もあります。

このようなことから、少し前までは先人の伝統的な栽培方法とされていたピーノ達のような伝統栽培が、いつの間にか安定性の高い、環境に配慮した自然と共存する栽培法と言われるようになり、世界的に見直されるようになってきています。

それでも、今後ピーノのような人は少なくなっていくでしょう。

オリーブオイルの世界は今や科学の時代です。オリーブ作りを科学的に学び、収集したデータをベースに研究を重ね、最新の技術に挑戦し続けるまさにバリニャーナのようは生産者が増えていくことと思います。

それゆえ、ピーノのように毎日畑に行き、木や土を触りながら、環境の変化、気候の変化、土がどういう状態かが手で触っただけでわかる、まさに生き字引のような人はとても貴重です。しかも彼はそれを仕事としてではなく、オリーブへの愛情から行っています。本当にオリーブが好きで、自然とオリーブの木に対する愛情に溢れている人だからこそ、自分の木だけではなくイブレア山地全体のことも考え、木にも環境にも優しい方法でオリーブを作っているのです。ピーノのような人がいたからこそオリーブの木、品種、伝統が守られ、素晴らしいオリーブオイルが作り続けられてきたのだと思います。

次に紹介したクレタ島のエレフテリアはオリーブオイルの鑑定士です。

オリーブオイルの作り手というと、ピーノのように常に畑にいて、オリーブを作っている人を思い浮かべると思いますが、クオリティの高いオリーブオイルの陰には、エレフテリアのような優秀な鑑定士がいます。

そもそも、オリーブオイル鑑定士というのは、オリーブオイルのクオリティを守り、向上させるために生まれた専門家です。クオリティを高めていくためには、生産者というオリーブオイルの作り手のプロと、客観的データに基づきクオリティを評価する鑑定士というプロの両方が必要です。それを可能にしたのが、本文でも紹介した、エレフテリアに強い影響を与えたマリオ・ソリナス教授が作った官能評価法です。官能評価が生まれたことで、オリーブオイルの生産工程の課題を見つけることが出来、クオリティを高めることが出来るようになりました。

実際、エレフテリアは官能評価を通じてオイルの特徴だけでなく、栽培状態や収穫のタイミング、搾油状況、輸送や保管も含めて、ボトルを開けるまでの全てのオリーブの物語がわかると言います。

実が健康でなければ腐敗臭やハエの肉臭がし、収穫後の保管が悪ければ酸化臭がします。搾油中の温度が上がりすぎると香りが劣化します。このようなオリーブオイルの問題の原因を官能評価を通じて見出すことが出来ます。原因がわかれば、改善案がわかり、クオリティを高めることが出来ます。そのため、最近の生産者達の中には官能評価の方法を学ぶ人が増えてきています。

自分のオリーブオイルを正しく評価することは、クオリティを上げていくための最初の一歩なのです。

エレフテリアが素晴らしい鑑定士であることは知っていましたが、彼女の凄さを本当の意味で実感したのは、クレタ島で開催されたセミナーに講師として招聘《しょうへい》された時です。

研究所に集まる生産者は、年配から若者までエレフテリアに対して敬意を払いながら意見を聞いていました。皆が口々に彼女から多くのことを学び勇気をもらった、自信が持てたと言うのを聞き、彼女の研究所が重要な役割を果たしていることがよく伝わってきました。

クレタ島は日本の広島県に当たるくらいの面積で、島一面にオリーブが栽培されています。小さな生産者まで含めると莫大な数になりますが、彼女は大企業だけでなく、小規模の生産者にも丁寧に指導しています。収穫期には足しげく畑に通い、どのタイミングで、どの木から収穫したらよいかまでアドバイスをしています。

彼女がここまでクオリティを重視する理由は、クレタ島全体の生産者達を守っていくためです。現在オリーブオイルは世界的に注目されるようになり、生産量も、また生産国も増加し続けています。その中で生き残っていくためには、安く大量に販売するか、クオリティを高めるしかありません。安価なオイルを大量生産する道は、最初はよくても、次々に現れるライバルとの終わりのない価格競争に陥ります。オリーブの木も土も、生産者も疲弊します。

一方、クオリティを高めていくということは、品種の特徴を引き出していくことです。大量生産されるオイルは、価格以外では他のオイルとの差別化が難しいのですが、クオリティの高いエキストラバージン・オリーブオイルは、特徴によって他のオイルと差別化が出来ます。そして何より、ポリフェノールなど人間の身体に有効な栄養成分、効能が含まれているのは、エキストラバージン・オリーブオイルなのです。オリーブオイルを使う人のためにも、健康のためにもエキストラバージン・オリーブオイルであることが大切だと考えているのです。

エレフテリアは、クレタ島のオリーブオイルのクオリティを高め、「クレタ島＝エキストラバージン・オリーブオイルの島」と認識される、「クレタ島」ブランドを確立させようとしています。そのため国際的なコンペティションにクレタ島産オリーブオイルを積極的にエントリーしています。受賞すれば、世界の人から自分達のオリーブオイルを好んで選んでもらうことが出来、生産者も自分達が作るオリーブオイルに誇りと自信を持ち、安心して作り続けられるからです。

彼女の研究所は世界各国のコンペティションでクレタ産のエキストラバージン・オリーブオイルが賞を取れるよう手厚くサポートをしています。

例えば、生産者の中には、どのようにオイルを発送したらよいのかわからない、送料がネックとなり望むコンペティションにエントリー出来ないなど問題を抱える人達が多くいます。彼女の研究所では、クレタ島の生産者が世界中のコンペティションにエントリーする際のオリーブオイルの書類作成から確認作業、発送など様々な作業を代行しているのです。

今では、クレタ島のオリーブオイルの八五％がエキストラバージン・オリーブオイルなり世界でも有名になっています。その陰には、エレフテリアの貢献があります。それは世界のオリーブオイルでも同じです。素晴らしいオリーブオイルの陰には優秀な鑑定士がいます。

鑑定士の使命は真のエキストラバージン・オリーブオイルの啓発と促進です。生産者達に寄り添う志の高い鑑定士達によってクオリティが高められて来たのです。

次にトルコのメメットを紹介しましたが、トルコでオリーブオイルが作られていることに驚いた人もいるかもしれません。日本ではオリーブオイルといえばイタリアかスペインというイメージが強いかもしれませんが、オリーブオイルの世界では新たな生産国が多く台頭してきています。

仕事柄よく「どの国のオリーブオイルが一番美味しいですか」と聞かれますが、知識や技術の向上により世界中で素晴らしい個性を持つオリーブオイルが作られるようになってきています。今や国によるクオリティの差はありません。特にトルコは気候変動などの影響も比較的少なく今後注目される国です。

ただ私も訪れるまでは、トルコのオリーブオイルに対して大量生産型のオイルというイメージを持っていました。しかし実際に行ってみると驚くほどクオリティの高いオリーブオイルが作られていて驚きました。

メメットは、そのトルコで真摯に自国のオリーブオイルの素晴らしさを世界に知ってもらうためにクオリティを追求している若き開拓者です。しかもトルコはギリシャ文明より更に歴史が古いトロイア文明の国で、諸説ありますが、オリーブオイル発祥の地とも言われ、世界最古とされるオリーブオイル搾油所が発掘されています。

今日台頭しているオリーブオイルの生産国にはトルコのように歴史がある国も多くあります。そういった国には古代から姿を変えずに生き残ってきた、想像を超えるような個性豊かな原品種が存在します。

私はオリーブオイルの魅力は多様性だと思います。

オリーブには現在二〇〇〇以上の品種があるとされ、品種によって香りの種類や辛みの強さ、苦みの有無などその特徴も一つ一つ異なります。

苺やみかんなどの果物や、大根や人参などの野菜が産地や品種によって風味が異なるように、オリーブオイルも品種や栽培地によって香りや風味が変わります。例えば、ピーマンを生でかじったようにグリーンの香り。唐辛子や黒胡椒を噛んだ時の辛み。甘い花の香りや、オレガノやローズマリーのような苦みを感じるハーブの香り。様々な香りと風味が存在します。

しかも果実、野菜、花などは人為的に遺伝子が改良され、元の品種がどのような味や香りであったのかわからないほど変化しているのに対し、オリーブは品種改良の研究はされていますが、ほとんどの木は何千年前と変わらない姿で生き続けています。

その一方で、近年オリーブオイルは世界的な需要の増加を背景に、育てやすく、搾油量が多く、生産が安定しやすい品種が好まれて栽培される傾向にあります。似たような品種ばかり作られるようになると、世界中どこで作っても同じようなオリーブオイルばかりになってしまいます。

そうした状況の中で、メメットのような原品種を大切にする作り手はとても重要です。彼らのような自国の歴史に誇りを持ったハイクオリティの作り手が台頭してくることで、今まで知らなかった世界中の様々なオリーブオイルに出合えるようになってきています。何より彼らのような作り手がいるからこそ、オリーブオイル本来の魅力が守られ、オリーブオイルの世界が豊かに奥深く彩られていくのだと思います。

最後にボローニャのバリニャーナを紹介したのは、オリーブの木を栽培し始めて最初の搾油で、いきなり世界各国の重要な国際オリーブオイル・コンペティションでゴールドを獲得した特筆すべき作り手だからです。オリーブオイルとは全く関係のない業種から参入したオーナーは、ローマ時代からオリーブが栽培されていたこの土地の原品種を再生させ、最新の技術を次から次へと投入し、挑戦し続けています。

本文で紹介したように彼らは莫大な資金を投入し、最新の設備で、クオリティの高いオリーブオイルを作っています。全てのオリーブの木に灌漑用の配管を設置し、虫対策用に透明の網をかけるなど、新たな試みもさることながら、畑別、品種別に蓄積されるデータは今後重要になってくると思います。

クオリティの高いエキストラバージン・オリーブオイルを作るためには健康な実が必要です。自然や気候はそのための大切な条件になります。今年は日照りがよかった、雨がよく降った、オリーブの実はこうだった、このようなオイルが出来たなど、ワインなどの場合は既に長い歴史の中で、多くのデータの蓄積があります。

しかし、オリーブオイルは歴史自体は長くとも、近代的な科学的手法の歴史は浅く、官能評価法が確立し、「エキストラバージン」というグレードが定められてからまだ四〇年ほどです。現在、様々なデータを蓄積している最中です。そのような中、バリニャーナのように畑ごと、品種ごと、全て細かくデータを取り分析しながら、新しい試みに次々と挑戦していくことは、今後のエキストラバージン・オリーブオイルにおいて価値あることだと思います。

今後エキストラバージン・オリーブオイルのクオリティは更に高まっていくと思います。最新の知識と技術を持ち、科学的データを分析しながら研究していくバリニャーナのような人達が増えていくでしょう。まさにバリニャーナはオリーブオイル界のパイオニア的な作り手なのです。

私は鑑定士となりオリーブオイルと関わるまで、オリーブオイルの世界がこれほど広く、また奥深いとは知りませんでした。

今、日本ではオリーブオイルというと健康によい、抗酸化作用がある、アンチエイジングに効果的など機能的な面を中心に注目されていると思います。それもオリーブオイルが持つ優れた特長ですが、オリーブオイルの魅力の一部にすぎません。オリーブオイルのスケールはもっと大きく深いのです。

オリーブオイルの歴史は非常に古く、そもそもoil〈オイル〉の語源はオリーブを意味するラテン語のolivumです。

聖書やギリシャ神話にも登場します。

旧約聖書に登場するノアの方舟の話では、鳩がオリーブの枝を持って帰ってきたことで大洪水が収まり、大地に平和が蘇ったことを悟ります。オリーブはこの話から平和の象徴とされていま す。私は大洪水のあと、大地が再び命を生み出した証し、再生・生命力という意味だと解釈しています。オリーブオイルは人類初のオイルであり、想像もつかないほど長い年月を生き続け、ずっと人と共にあったオイルなのです。

現在、世界中に数多くの油がありますが、オリーブオイルほど規格が厳しく定められた油はありません。化学的な成分だけではなく、香や辛み、苦みといった官能特性までも数値で定められています。因みに世界で初めて法律で定める品質の一部に官能評価を取り入れたのもオリーブオイルです。

オリーブオイルの分類も今に始まったことではありません。

古代ローマ人達も、オリーブオイルをクオリティによって五つに格付けしていたという記録が残っています。

等級が高いオイルから順に、

「oleum ex albis ulivis／グリーンオリーブを搾油したオイル」
「oleum viride／熟成がグリーンより進んだオリーブを搾油したオイル」
「oleum maturum／熟成したオリーブを搾油したオイル」
「oleum caducum／木から落ちたオリーブを搾油したオイル」
「oleum cibarium／傷ついたオリーブを搾油したオイル」

最高級品であるグリーンのオイル〈oleum ex albis ulivis〉は貴族達用、最下級のオイル〈oleum cibarium〉は奴隷の食事とランプ用とされていました。オリーブオイルに対する強いこだわりが窺えます。

食用以外にも、ローマ時代からオリーブオイルに消炎作用があることは知られていて、傷を癒す消炎薬としたり、害虫から肌を守るために身体に塗ったりなど幅広く使われていました。

オリーブオイルは、ワインのような年齢制限もなく、お年寄りから赤ちゃんまで誰でも楽しむことが出来ます。向き不向きもありません。オリーブオイルは母乳に近い組成とも言われ、イタリアでは離乳食にも使われています。

以前ある人から、
「オリーブオイルはみんなのもの。みんなが賞賛する価値があるし、誰にでも理解出来る。限られた人達だけのものではない」

と言われました。まさにその通りです。歴史を繋ぐ文化と伝統の象徴であり、多種多様な香りと風味、食べる薬とされるほど高い栄養価を持つ料理の万能選手です。そして何より自然が生んだ香り豊かな健康の宝石です。多くの魅力があるからこそ、全ての人がオリーブオイルに魅力を感じるのだと思います。

この本で紹介した作り手達も同じです。

素晴らしいオリーブオイルの裏には多くの人達の努力があります。一本のオリーブオイルの舞台裏や背景も大切な一面であり、魅力的な部分だと思います。作り手達のオリーブオイルへの想い、オリーブの木との関わり方や人柄を知ることで、オリーブオイルの見え方が変わるかもしれません。

人が手入れを怠れば木は弱ります。オリーブの実が健康に育っても収穫するタイミングが数日遅いだけでクオリティが落ちます。天の恵みがあり、よいものを作りたいと思う真摯な作り手がいて、初めて素晴らしいオリーブオイルが生まれるのです。

作り手達は、どうか多くの人がこのオリーブオイルを好きになってくれますようにと、一つ一つのボトルに願いを込めます。

熱意と使命感を持った作り手達を紹介することで、彼らのような作り手が作るクオリティの高いオリーブオイルについて興味を持ち、少しでもオリーブオイルの見え方が変わってもらえれば嬉しく思います。

疲れた時も、さらに健やかでありたい時も頼もしい相棒のようなオリーブオイルを。

謝辞

本書を締めくくるにあたり、この旅を可能にしてくださった全ての方々に心からの感謝を捧げたいと思います。

シチリアの灼熱の太陽の下で何百年という樹齢のオリーブの木々について語ってくれたピーノとピエトロ親子とサルボ。ギリシャ文明の歴史と英知をつなぐクレタ島のエレフテリア。エーゲ海の潮風を感じる丘で伝統的農園を営むメメット。ローマ時代からの歴史をボローニャで守りながら、革新的な方法でオリーブオイルの未来を切り開いている作り手達。彼らの語る一言一言は、ただの情報ではなく、情熱そのものでした。彼らの手から生まれるオリーブオイルは、単なる食品ではなく、彼らの土地、人生、そして家族の物語の結晶だということを教えてくれました。

また、このプロジェクトに携わったフォトグラファーのマックス、根気よくご指導下さった編集チームに感謝の意を表します。文化や言葉の壁を越え、この素晴らしい物語を形にすることが出来たのは、皆さまのおかげです。

最後に、本書を手に取ってくださった読者の皆さまにも深い感謝を。オリーブオイルのひとしずくに込められた世界の広がりを感じ、より豊かなものになることを願っています。

オリーブの木は何百年も生き続けます。そのように、本書に収めた作り手達の物語も、皆さまの心の中で生き続けますように。

山田美知世
Michiyo Yamada

京都生まれ、ミラノ在住。日本人初イタリア農林食糧政策省の国家試験取得オリーブオイル鑑定士（イタリア共和国農林食料政策省オリーブオイル鑑定士登録番号 MI.0023278）。日本人で唯一、世界8カ国最重要オリーブオイル・コンペティションで国際審査員を務める。イタリアに特化した月刊女性誌『amarena』（扶桑社・現在は休刊）の元編集長。

イタリア各地で開催されるオリーブオイルのパネルテスト（欠陥の有無や品質の鑑定と評価）に公式鑑定士として数多く参加。オリーブオイル生産者へ生産指導も行う。2022年イタリアで最も歴史あるオリーブオイル・コンペティション「エルコレ・オリヴァリオ」から、イタリアのハイクオリティ・エキストラバージンオイルを国外に広めた功績に対して「レキトス賞」を授与される。オリーブオイル以外にも、長年イタリアの食文化全般やファッション、インテリアに関する取材撮影や執筆活動などを行う。著書に『エキストラバージン・オリーブオイルの講義』（KuLaScip）、『Arte di Sushi』『Libro di Sake』（GRIBAUDO）などがある。

オリーブオイルと作り手たち

発行日　2025年3月10日　第1刷

著者　山田美知世
編集　田口京子・田口悠大
装幀　城所潤+大谷浩介(JUN KIDOKORO DESIGN)
写真　Massimiliano Bonatti
校正　株式会社鷗来堂
印刷・製本　株式会社シナノ

発行者　田口京子
発行所　株式会社KuLaScip(クラシップ)
〒154-0024 東京都世田谷区三軒茶屋1-6-4
https://kulascip.co.jp

本書に関するご意見・ご感想は株式会社KuLaScip(クラシップ)までお願いいたします。
Email : info@kulascip.co.jp

 ISBN 978-4-911322-02-4